Sur les traces des Brûleurs de loups

L'homme et le loup en Dauphiné

Thomas Pfeiffer

Sur les traces des Brûleurs de loups

L'homme et le loup en Dauphiné

L'Harmattan

Illustration de couverture :

Carte postale officielle du concours de tir à Grenoble, juin 1911, illustration de Farcy, Le Petit Dauphinois éditeur

5-7, rue de l'Ecole polytechnique ; 75005 Paris

http://www.librairieharmattan.com
diffusion.harmattan@wanadoo.fr
harmattan1@wanadoo.fr

ISBN : 978-2-296-09887-9
EAN : 9782296098879

A mon fils Loup.

INTRODUCTION

Le loup de Vignieu ou de Sermerieu pose à l'historien de nombreux problèmes d'analyse car ce loup de l'Isère tué en 1954 a été le dernier loup tué sur le territoire français alors que l'espèce s'était éteinte dans les années trente en France. Outre la date tardive qui pose le problème de l'origine de ce spécimen, on peut se demander en quoi ce loup, dernier représentant de la faune lupine de France, a marqué les esprits, a été l'objet d'une mémoire particulière et est entré dans l'histoire locale.

On peut se demander à juste titre si ce loup était bien d'origine sauvage ou bien si ce dernier n'était pas déjà une bête captive relâchée par un particulier à la manière des fameuses Bêtes des Vosges en 1978 et 1994. En effet, l'existence d'un loup solitaire sur le versant français des Alpes peut paraître douteuse; le loup vivant en meute, ce loup isolé aurait-il été à la recherche d'une femelle et d'un territoire ?

Il s'agit de comprendre les racines de la peur causée par le retour de ce canidé surgi de nulle part, et pourquoi celui-ci réveille une conscience enfouie dans un passé récent. Le loup symbolise à juste titre un passé de crainte, voire de psychose révélant une paranoïa des communautés montagnardes, il est en quelque sorte un miroir de l'âme humaine. Il remet en question l'harmonie et l'équilibre des villages, créant une culture de la peur du loup et une remise en question de l'identité même des hommes.
Ainsi, le loup serait un rassembleur et un levier des populations, il jouerait le rôle d'un ciment; par la peur qu'il suscite le loup permet une prise de conscience de l'identité des hommes eux-mêmes.

Après avoir étudié les racines de la peur au pays des Brûleurs de loups, nous nous demanderons en quoi cette peur est stimulée par la rumeur et quels sont ses différents agents. Même si la rumeur n'est pas la source de la peur, elle la nourrit par des images et des croyances erronées et véhiculées dans le temps et dans l'espace, se greffant dans le cœur des hommes et se transformant en culture de la peur. Le loup et ses représentations s'inscrivent dans une mémoire longue, devenant un élément du patrimoine. On peut s'interroger aussi sur le fait que le loup est un élément du patrimoine faunistique des paysages alpins et des biotopes mais surtout du patrimoine culturel des hommes. Le loup révèle le rapport des hommes à la nature. Aussi, on peut se demander si sa disparition n'est pas un élément de découverte du regret de la perte d'un animal proche et lointain à la fois qui révèle l'homme à lui-même. La perte du loup serait aussi celle de l'homme car il reflète la passion de l'homme et ses véritables sentiments psychologiques. L'homme, dans son for intérieur, voue au loup un culte de la peur et une attirance indéniable, qui sont indissociables et inséparables. Cette dualité s'exprime entre le rejet et l'attirance ; sinon, comment expliquer la joie et la fierté des nemrods posant devant la dépouille du loup de Vignieu en janvier 1954 ?

Le loup mort réveille en même temps en l'homme un sentiment de regret, car une forêt sans loup n'est plus une vraie forêt ; le loup est un animal sauvage, vivant en meute proche du modèle de la société humaine ; il délivre au monde un écho d'authenticité, un miroir des passions humaines. Le loup entre au musée mais aussi, de manière plus originale, en salle de réunion de la mairie ; ainsi les principales décisions de la mairie de Morestel se sont réalisées sous le regard naturalisé et bienveillant du spécimen de Vignieu. Le loup est bien alors l'objet d'un culte du souvenir.

Notre enquête de terrain nous a amené en effet à rencontrer tous les acteurs survivants de cet épisode et à chaque fois c'est avec beaucoup de joie et d'émotion que les témoignages ont afflué, plus de quarante ans après. Cette page d'histoire locale éveille encore l'émotion des protagonistes et leur envie de communiquer leur mémoire de l'événement malgré l'altération du temps et l'oubli.
Ainsi, le loup est un animal qui suscite la passion et s'inscrit dans la mémoire vive et le patrimoine culturel des hommes. Ce loup isolé de 1954 réactive en fait tout un champ de représentations que cet événement va nous permettre de défricher, il réactive des émotions enfouies dans l'inconscient collectif, qui ne demandaient qu'à se réveiller. La chasse à la louve imaginaire, par avion, est là pour nous rappeler que le loup et la peur qu'il suscite font partie de notre patrimoine culturel. Sans loup, l'homme serait peut-être moins attaché à défendre les troupeaux sur les estives, il est le prédateur face auquel il faut faire preuve d'intelligence, d'humilité et de respect. Le loup oblige l'homme à se repositionner dans son rapport à la nature, il lui montre qu' à tout moment celui-ci n'est qu'un élément de la création, appartenant à la chaîne du vivant.

Il confirme que l'existence en montagne est brève et éphémère, il rappelle l'instinct de survie ancré dans ses racines préhistoriques. Le loup serait un acolyte et un compagnon indispensable du berger et du chasseur lui rappelant son origine même. Au sujet de la rumeur et des représentations du loup, on peut se demander également pourquoi ce dernier est entré dans le cœur des hommes et du patrimoine, n'y aurait-il pas en Dauphiné une permanence culturelle des représentations des loups liée à une histoire passionnelle ? Le Dauphiné aurait-il créé une culture originale, celle des «Brûleurs de loups», autour de l'utilisation du feu au cours de battues où les loups étaient précipités dans des ravins et sur lesquels on avait l'habitude de jeter des branches de sapins enflammées ? Ainsi, brûler les loups permettait de purifier les villages de la menace incarnée par le loup, et de chasser pour un temps la peur de la mémoire des hommes. Cette locution, qui est aujourd'hui portée avec fierté par les Grenoblois et plus particulièrement par le club de hockey sur glace, est-elle devenue un symbole d'identité d'une province, le Dauphiné ? Ne révélerait-elle pas une pluralité de sens et des hypothèses différentes quant à son origine ? D'où vient cette expression ? Prendrait-elle sa source dans le passé et plus particulièrement dans la période moderne ? Qu'est-ce qui explique encore aujourd'hui la survivance de cette locution dans le cœur et la mémoire des hommes ? Qu'est-ce qui a permis son maintien dans le champ lexical au XIXe siècle et son retour en force aujourd'hui dans le paysage culturel contemporain ? Quelle est la fleur de ce secret, l'origine de ce mystère intellectuel de la culture et de la langue françaises ?

On peut aussi se demander si cette tradition des «Brûleurs de loups» en Dauphiné est propre à cette région des Alpes françaises ou si, au contraire, celle-ci est davantage reliée à un espace plus large et à une époque plus lointaine.

Le sujet de ce mémoire est un sujet d'ethno-histoire, s'intéressantaux relations de l'homme à son environnement, aux pratiques culturelles liées aux représentations et aux mentalités forgées dans le cadre d'une province, le Dauphiné, à l'égard des loups.
Le travail s'organise autour d'une étude régressive, remontant de 1954, l'époque contemporaine, à 1754 (cette date correspond à une battue aux loups en Dauphiné) et la période d'Ancien Régime. Nous nous proposons d'étudier dans le cadre d'une histoire longue, «la longue durée Braudélienne», la culture des «Brûleurs de loups»,

d'analyser les racines d'une tradition et d'une pratique cynégétique particulière, celle d'enflammer physiquement l'animal le plus honni et pourchassé de l'histoire de France.
La France possède une spécificité dans son rapport aux loups, digne d'une tradition, celle de l'exception chère à nos politiques. En effet, l'extermination de l'animal et la culture de la peur du loup ont été menées en France à leur paroxysme dans notre pays ; en quoi le cas dauphinois confirme ou infirme cette tradition de culture du conflit pour l'espace et de l'antagonisme entre hommes et loups ?

Depuis toujours l'étude des mentalités et de la culture des sociétés[1] a guidé mon travail de recherche ; l'étude conjointe de la mémoire écrite et orale permet de comprendre les structures d'une société.
Dans une volonté d'approche pluridisciplinaire, l'étude du loup nécessite de croiser les sources, certes, mais surtout oblige à avoir recours à différentes disciplines.
Le loup est un carrefour de pensée intellectuelle, un croisement nécessaire entre sciences humaines (histoire, sociologie, psychologie...) et sciences exactes (biologie, éthologie...). S'intéresser à l'étude des relations des hommes à leur environnement, «l'Umwelt» allemand, et plus particulièrement à la faune, prend sa source au début

---

[1] Thomas Pfeiffer, *La Colonisation et le Sauvage d'après l'Histoire de la Nouvelle-France de Marc Lescarbot (1609)*, Mémoire de maîtrise soutenue en 1997 à l'Université Marc-Bloch de Strasbourg. Ce dernier traitait des Amérindiens MicMacs et du regard humaniste d'un parlementaire français sur les mœurs et la culture Amérindienne au Canada français au début du XVIIe siècle. Ce dernier est consultable à la Bibliothèque universitaire de Strasbourg et à l'Institut d'Histoire moderne de l'Université Marc Bloch de Strasbourg au Palais Universitaire ; cf l'article signé par moi-même dans la Revue, *Les Amitiés Acadiennes, «Marc Lescarbot, un humaniste en Acadie»* en 1998.

des années 1970 à la suite des remises en question de mai 1968 du modèle productiviste de la société contemporaine. Si les *Animaux ont une histoire*[2], grâce à Robert Delort, c'est la montée des sentiments écologistes qui explique la multiplication et la floraison d'ouvrages consacrés aux relations homme-animal ou homme-végétal[3].
Ce sujet nécessitait une approche croisée entre sources écrites et mémoire orale. La presse régionale (*Le Progrès de Lyon, Les Allobroges, Le Dauphiné Libéré*) et nationale (*Radar, Détective*...) ont été les premiers terrains d'investigation; avant que l'enquête de terrain ne m'ait permis de retrouver traces et empreintes filmiques de cette mémoire issue de ce fameux hiver 1954.

En effet, les Archives Gaumont et Pathé disposent de chutes de films[4] tournées durant l'épisode de janvier 1954 à Morestel à la veille de la battue du 22 janvier.
Cette mémoire des films d'actualité donne une réalité concrète à ces événements et une chair à la peur au pays des «Brûleurs de loups».
Enfin, l'exposition consacrée au loup en 1998 au Musée d'Histoire Naturelle de Grenoble m'avait donné envie de me rendre sur la voie du loup.
Rencontrant les derniers protagonistes survivants de cet épisode, je me décidais d'établir un questionnaire pour mieux comprendre les événements et associais une démarche active en arpentant à pied en plein hiver les lieux de la battue au dernier loup sauvage de France.

---

[2] Robert Delort, *Les animaux ont une histoire*, Paris, 1984.
[3] Andrée Corvol, *L'homme aux bois, histoire des relations de l'homme et de la forêt XVII*^e^*-XX*^e^ *siècle*, Paris, 1987.
[4] Ces films sont très courts, je remercie vivement la société Gaumont pour son accueil au siège de la société et son aimable autorisation d'exploitation dans le cadre de ce travail de recherche. Le film tourné par Pathé, est moins intéressant, car il est muet et il n'a jamais été montré en salle contrairement à celui de Gaumont.

Le journaliste du *Dauphiné Libéré*, le pilote des deux avions, les participants à la battue ainsi que l'un des chasseurs ayant tué le loup ont été rencontrés, les archives des communes concernées exploitées, le Musée de la Maison du pays de Morestel où le loup est naturalisé, visité. Ces données de terrain ont ainsi été exploitées de manière conjointe avec les données archivistiques des départements de l'Isère à Grenoble et des Hautes-Alpes à Gap. Les bibliothèques locales, les Archives de la ville de Grenoble et le Musée Dauphinois ont été parcourus ainsi que le Muséum d'histoire Naturelle de Grenoble.
Les sites internet et la démarche bibliographique ont permis de compléter les connaissances acquises sur le sujet permettant de les remettre constamment à jour.

Seul le département de la Drôme, inclus dans le Dauphiné historique, a été éludé par manque de temps dans le cadre d'un DEA. Ce travail entend dans le concept d'une histoire totale et thématique s'ancrer dans une historiographie nouvelle et innovante celle de l'éco-histoire et plus particulièrement celle de la zoo-histoire. S'intéresser aux relations entre les hommes et les animaux, la faune en général, c'est s'intéresser à l'homme et aux pratiques culturelles, qui souvent sont ancrées au plus profond de nous-mêmes entre histoire et mémoire….
Le loup est bel et bien un miroir de l'âme humaine, révélateur de nos pratiques et de nos mentalités à l'égard du sauvage, puisse ce travail donner l'envie et le désir de créer de nouveaux travaux de recherche consacrés à la faune et à la flore dans l'histoire des mentalités[5].

---

[5] Saisonnier au parc à loups du Gévaudan durant deux étés en 2000 et 2001 sous la houlette d'Anne Ménatory, j'ai pu apprendre à comprendre le comportement de ces animaux.

PREMIERE PARTIE

PEUR ET RUMEUR AU PAYS DES BRULEURS DE LOUPS EN 1954.

A) Le spectacle de la Nature

1) Le loup revenu au pays des «Brûleurs de loups»

Le loup représente le mal, l'animal est rejeté dans le monde du sauvage, de la barbarie et devient l'ennemi qu'il faut annihiler. Détruire l'objet de sa peur permet de rétablir le calme et de se prouver la supériorité de son modèle d'organisation. On peut ainsi lire un conflit idéologique entre nature et culture où la peur de la nature devient culturelle...
Il s'agit de se demander quelles sont les racines de la peur du loup au pays des «Brûleurs de loups», et de savoir si ce loup de 1954 ne réactive pas, par les contes et la mémoire orale, des craintes devenues naturelles. L'apparition de ce loup donne lieu en effet à des réactions en chaîne qui rappellent des sentiments passés, le loup revenu dans les campagnes de l'Isère rappelle à l'homme sa condition fragile au sein d'un environnement à partager avec d'autres prédateurs.

Ce loup de 1954 est un révélateur des mentalités au sein d'un espace montagnard particulier, celui des Alpes. Le loup a inspiré au fil du temps maints récits s'ancrant ainsi dans le patrimoine culturel des hommes. Le loup est au cœur de la dialectique homme/nature ; en effet, il s'intercale comme un élément gênant la maîtrise de l'espace. Il faut tout d'abord resituer l'origine de ce loup.

Une analyse vétérinaire du loup réalisée par le professeur Novarino du Muséum d'Histoire Naturelle de Lyon, a certifié l'animal abattu en janvier 1954 sur la commune de Vignieu comme appartenant au genre *Canis Lupus*. Mais on peut se demander à juste titre ce que ce spécimen lupin faisait tout seul dans ce territoire qui lui avait voué tant de haine : était-il à la recherche d'une compagne pour s'établir sur un nouveau territoire ? L'avait-il perdue en Autriche, en Suisse, en Italie où plusieurs spécimens sont signalés au cours de la même année 1954 dans les chroniques journalistiques ? Ce qui est presque certain, c'est que ce loup de Vignieu n'est pas un cas isolé et ne semble pas être un animal issu de captivité mais relève plutôt du comportement des loups s'attaquant de manière privilégiée aux troupeaux de moutons et aux chiens (cf annexe sur le tableau des victimes du loup). Certains journalistes croyaient même que ce loup était issu des Carpates, chassé par un hiver rigoureux ; expulsé de sa meute, il aurait trouvé refuge au pays des Brûleurs de loups. On voit à quel point les journalistes peuvent broder sur un thème traditionnel.

Ce loup se signale officiellement dès l'été 1953, soit plus de six mois avant sa mort mais sous la forme d'un animal mystérieux assimilé au lion de la Bâtie-Montgascon. Au pays des magnauds, des producteurs de fils de soie dans les magnaneries, on parle de la lionne des bois de Vasselin. L'animal mystère est d'abord un animal exotique, le lion, puis il se transforme en un animal ayant disparu du «pays», le loup. Le 11 novembre 1953, un chien griffon avait refusé de suivre le loup ou ce qui était supposé l'être selon M. Drevet. Le 5 janvier, un chien de Cozances est tué par le fauve. Il attaque de manière privilégiée son cousin le chien, tel le berger allemand Taïaut de forte taille dont il déguste les côtes. C'est la mort de ce chien plein de courage et d'agressivité, dans la nuit du 11 au 12 janvier 1954, qui met la puce à l'oreille des villageois isérois. A partir de là tout s'enchaîne, les traces dans la neige et la traque de ce qui est dès lors assimilé à un loup. Le lion de la Bâtie-Montgascon s'est transformé en un loup tout aussi étonnant et inhabituel à cette période. Surgi de nulle part, ce loup est alors poursuivi par une meute d'hommes, traqué lors d'une journée entière dans le secteur du Nord-Isère, la chance et le nombre de participants auront raison de la résistance acharnée de ce loup.

Si la battue s'amorce au matin du 12 janvier[6] après la découverte macabre du chien des Lombards éventré et traîné à plusieurs centaines de mètres de la maison, celle-ci s'engage sur une journée entière puisque le loup, qui va être rapidement blessé par les chasseurs de Sermérieu, va être suivi au sang dans la neige pendant plus de 8 à 9 heures, dans ce qui constitue désormais un chemin de pèlerinage[7].

C'est donc sur des indices visuels sérieux et des preuves matérielles indiscutables que s'organise de manière spontanée cette battue défendant les intérêts communs de la communauté villageoise. Ces hommes mus par le sentiment de préserver leurs biens et leurs personnes traquent en cette journée d'hiver un animal qui a le ventre plein, ce qui doit l'handicaper sérieusement. Albert Juppet blesse le loup à une patte arrière, ce qui avantage les traqueurs doublement : d'une part cela ralentit considérablement l'allure de ce marathonien qu'est le loup, d'autre part les marques de sang sont des indices trahissant la discrétion habituelle de l'animal. Une course-

---

[6] Archives Départementales de l'Isère, 2920 W 8-12, chasse et animaux nuisibles, 1925-1963.

[7] Archives Départementales de l'Isère, 6343 W 42, chasse aux loups, dossier comprenant les photographies et les documents placés en annexe.

poursuite s'engage dès lors contre un animal blessé, seul et sans aide sur un territoire de collines boisées et de broussailles dans lesquelles le loup peut faire halte quelques instants. La ténacité du loup n'a d'égal que la volonté des hommes d'assurer leur survie et d'affirmer leur fierté par la mort de ce qu'ils considèrent comme un danger naturel, un nuisible à éliminer coûte que coûte.

Si la traque dure des heures, c'est que la blessure du loup est légère et que sa résistance au mal ou à la peur est forte. Celui-ci se débat contre la meute d'assaillants à ses trousses et contre sa propre peur de mourir. Progressivement, le cortège des chasseurs s'enrichit de nouvelles unités à mesure de l'avancée topographique de la battue, en traversant les finages des communes de Vasselin et de Vignieu, le loup est suivi par des chasseurs improvisés qui se joignent à cette mission de salut public qui les fait sortir de la routine du quotidien.
Vers 16 heures de l'après-midi, entre «chien et loup» à l'heure d'hiver, le loup est cerné sur une colline dominant les villages de Vasselin et Vignieu. Les hommes postés ceinturent les abords des villages avant la sortie des écoliers par mesure de sécurité. Ne voyant plus l'animal, et désespérant de le tuer, les chasseurs ont la surprise de voir le loup blessé débouler au sortir d'une clairière à l'orée du bois et de se faire tuer par deux balles, celles de Budin et Joseph Drevet non loin d'un lieu-dit appelé Montaloup... Le loup blessé pour une seconde fois tente désespérément de se relever, et pour mettre fin à son agonie une dernière balle aura raison de ce canidé impressionnant de courage et de résistance.

Le loup de Sermérieu traqué sur plus de 8 kilomètres tombe là, à proximité de la mairie de Vignieu, il succombe face à la solidarité intervillageoise. Au pays des «Brûleurs de loups» on est désormais fier d'avoir mis à mal le dernier spécimen lupin de la faune française. Pour Joseph Drevet, le loup n'était pas échappé d'un cirque et avait une forte odeur.

2) La mort du loup : un moyen d'exorciser sa peur ?

La mort du loup, le 12 janvier 1954, étonne les chasseurs eux-mêmes et l'ensemble de la communauté villageoise qui se presse autour de la dépouille de l'animal. Les enfants tout justes sortis de l'école accourent voir ce spectacle hivernal. Entre chien et loup, les villageois, maire en tête, s'empressent de déboucher quelques bonnes bouteilles au café du village chez Borel et Clavet. On parle, on s'étonne, on discute sur ce loup étendu là sur un trébuchet, mort mais encore présent dans la mémoire et les consciences collectives par la journée haletante de chasse. Les trois chasseurs s'attribuent les honneurs du village, trônant devant le cadavre du fauve en fiers Nemrods. On boit à la santé du loup, on trinque à la grande joie de cette ambiance festive improvisée. La peur du loup se fait ici socialisante, elle permet aux hommes de se regrouper, de se rassembler, elle crée du lien social permettant la naissance d'une conscience commune.

La mort de ce qui devient désormais le «loup de Vignieu», entrant ainsi dans l'histoire locale, permet aux hommes de laisser libre cours à une solidarité intervillageoise au sein de cette région du Nord-Isère. Elle ravive le souffle d'un hiver la culture en sommeil des « Brûleurs de loups» et réactive ainsi un passé enfoui, croyait-on, sous la chape du silence et de l'oubli. La peur du loup se confond avec celle de la nuit, du noir, des ténèbres. Peurs individuelles et collectives se combinent à nouveau à travers ces réflexes d'autodéfense. La mort du loup fait prendre conscience à la communauté villageoise de son existence même. La menace que représente le loup permet une affirmation et un enracinement de cette communauté. La mort de l'objet de sa peur permet d'évacuer cette dernière et de partir sur un nouveau cycle de vie. Le loup de Vignieu permet aux communautés du Nord-Isère de prendre conscience d'elles-mêmes et de la valeur de leur patrimoine. Le loup est donc un révélateur de la fragilité de la condition humaine de ces populations rurales et sa mort est la fin des menaces directes pesant sur le patrimoine des hommes.

Le cycle chasse-mort de l'animal permet aux communautés de cimenter leurs liens et d'affirmer entre elles une solidarité pour la préservation de leurs biens. Le loup prédateur permet, par sa chasse, de décharger et de canaliser l'agressivité des hommes du Dauphiné. Il réveille d'anciens réflexes de survie. La mort physique du loup permet, pour un temps seulement, la mort psychologique de celui-ci dans les consciences et les mentalités. Ce retour fragile à l'équilibre et à l'harmonie reste précaire car la rumeur va agir rapidement et nourrir en retour une peur qui venait juste de s'éteindre. Ainsi, la peur du loup va s'enflammer au contact de la rumeur, qui elle, symbolise la peur psychique et la phobie paranoïaque du loup des communautés du Dauphiné. Si ce loup ne voit pas ses pattes accrochées sur la porte d'une ferme, c'est qu'il représente le dernier spécimen de loup de l'histoire locale des «Brûleurs de loups». Chacun a conscience de l'événement, chacun mesure à sa juste valeur l'importance de ce moment mais le loup abattu après une folle poursuite est l'objet de nombreuses interrogations. Etait-il seul, n'avait-il aucune compagne à ses côtés ? La sagesse populaire connaissait en effet la fidélité légendaire des couples de loups et savait très bien qu'un loup seul était chose rare. La meute étant le modèle d'organisation sociale privilégié des loups, la crainte de l'existence d'une louve et de louveteaux se fait jour, relayée par la rumeur et entretenue par les médias. La mort du loup suscite de nombreuses interrogations et excite les consciences plutôt qu'elle ne les rassure.

Une peur nouvelle intervient, celle du nombre, de la multitude, comme une communauté cernée par ces loups. Les hommes tentent de s'organiser pour mettre en place une battue à grande échelle.

3) Les degrés de la peur : entre psychose et peur collective ?

Le loup est revenu au pays des brûleurs de loups mais le loup est-il si dangereux ? L'abbé Carlier dans son *Traité des Bêtes à laine* n'affirmait-il pas en 1770 : «Il est donc à propos de se précautionner contre le loup, mais sans le craindre… La chair du mouton n'est pas pour ces animaux sauvages le plus friand des mets. Ils lui préfèrent la chair humaine, celle de l'âne et du chien. Avez-vous un berger vigilant ? Parquez sans crainte et ne privez pas votre bétail des exercices ordinaires. Les règnes des loups étrangers ou enragés sont plus rares que les accidents de la peur qu'on en a».

La peur du loup paraît bien dérisoire et l'on comprend dès lors le faible empressement noté dans les archives des paysans du Dauphiné à traquer le loup dès que les primes sont revues à la baisse. Comment les populations vont-elles se protéger et faire face à la peur du retour du loup dans le quotidien ?

Vont-elles comme le propose l'abbé Carlier «écarter les loups en les éloignant en allumant des feux ou en entretenant une fumée épaisse avec le secours du fumier ou de la paille mouillée dont on couvre un brasier» ou utilisent-ils des torches, renouant avec une tradition, celle des «Brûleurs de loups» ?
On peut se demander à présent, quels furent le rôle et le poids de la rumeur comme facteur de développement de la peur en Dauphiné durant ce fait d'hiver 1954.

B) La rumeur, un levier de la peur ?

1) Le loup est mort, vive la louve !

Tout porte à le croire puisque la page de couverture du journal des *Allobroges* du 14 janvier 1954 porte en titre «Après le loup, la louve ?» ; le journal parle du «loup égorgeur». Dans la région de Saint-Chef en Isère des «traces qui laissent supposer que la louve et ses petits demeurent dans la région. Les battues organisées n'ont donné aucun résultat. De nombreuses personnes déclarent avoir entendu à nouveau le hurlement bien connu maintenant dans la région».
Ainsi se propage et se diffuse par les on-dit, le bouche à oreille étant relayé par les médias, la croyance en l'existence d'une compagne du loup mort ainsi que de louveteaux qui en janvier devaient être déjà de beaux louvarts (désignation du loup de 6 mois à un an) !
La région est en alerte, tout le monde entend parler de la louve et diffuse à son tour la rumeur, colportant des témoignages qui se veulent tous véridiques et développant ainsi la culture orale de la peur du loup. Les réflexes du passé sont réactivés, les sensibilités extrêmes, les titres des journaux illustrent la gradation de cette peur du loup

progressivement collective et massive. Cette peur psychologique de la louve se lit dans les *Allobroges* : «De nouveau l'angoisse régnait, de nouveaux témoignages qui remettaient tout en question, on avait aperçu, bien vu même une louve accompagnée de chiots à robe blanche», ce à 15 kilomètres du lieu de la mort du loup à Vignieu. Progressivement la rumeur enfle, gagne du terrain de proche en proche, le rayon de sa diffusion s'accroît de jour en jour devenant avec son degré d'intensité et sa durée une vérité intégrée par tous, même parmi les plus sceptiques.

Ainsi, lisait-on : «Mais devait-on ajouter foi à ces déclarations tant l'effervescence régnait dans tous ces petits villages ?». Des témoins sont cités dans les journaux qui parlent tous des mêmes traces relevées sur le sol. Une même structure de pensée et de représentation peut se lire ici : le loup se transforme en Bête et même en «grosse Bête», tandis que la nature même de l'animal échappe, se transformant en fauve indéterminé mais proche du loup et du chien puisqu'on parle de chiots. Un parallèle éclairant doit être mis ici en avant avec l'épisode de la Bête du Gévaudan au XVIIIe siècle.

Pour faire taire les rumeurs, les pouvoirs publics des communes organisent des battues administratives de manière à calmer les esprits : le 13 janvier à Saint-Chef une battue est organisée ne donnant aucun résultat. «Tous les environs furent battus et l'équipe parcourt 50 kilomètres à travers bois et fougères, s'il revient par-là, nous l'aurons».

La traque de cet animal-mystère tantôt loup, tantôt Bête permet aux villageois de prouver leur solidarité, s'entraidant dans cette quête commune de l'animal dangereux.

«C'est sur ce bel optimisme que s'ouvre dans l'Isère, la deuxième phase de la chasse au loup».

2) L'extension géographique de la rumeur et son amplification

Dès le 13 janvier, c'est-à-dire dès le lendemain de la mort du loup de Vignieu, un loup est signalé à Vars et Saint-Marcellin dans le Vercors, le Dauphiné Libéré parle d'un «loup de taille peu commune au pelage noir», le loup reprend ses droits et réoccupe ses territoires traditionnels, du moins dans les esprits.
On se pose la question de ses origines : «Serait-il chassé des Alpes italiennes par la tempête de neige et de froid ?».
A Crest dans la Drôme, plus au sud, et dans le canton de Luc-en-Diois, la peur du loup se fait jour, on peut parler de contagion de la rumeur qui, comme un virus, touche tout le monde. Elle devient une véritable épidémie qu'il faudra traiter de manière radicale, en utilisant les grands moyens le 22 janvier, pour tenter d'extirper des consciences collectives cette peur tenace de la louve et des loups en général. En Chartreuse, des animaux ressemblants à des loups sont signalés sur les bords de l'Isère au Bec de l'Echaillon.
Le Dauphiné du 14 janvier se fait l'écho de cette peur «Depuis on est sur le qui-vive dans toute la région, prêt à partir pour une éventuelle battue» ; au même moment on signale des «bandes de loups aux portes de Rome», au pays de Rémus et Romulus, cela peut paraître normal, mais les loups semblent présents partout à la faveur d'un hiver rigoureux. Les journalistes, qui ne parlent du loup qu'en cas de période extraordinaire, raccrochent des histoires de loups en Europe à celle de la région, ce qui a pour conséquence d'accroître encore davantage la peur. Des loups sont signalés en Grèce et en Turquie au même moment et sont accusés d'avoir tué 5 hommes lors de cette

vague de froid. Un loup en Italie attaque une automobile sans faire de victime... Sur la route de Pesaro en Italie, une battue est organisée pour capturer trois loups.

Trois jours après la mort du loup de Vignieu, le 15 janvier donc, les *Allobroges* parlent «de nouvelles alertes en Bas-Dauphiné où l'on signale à nouveau la présence des loups», des traces «sont également relevées dans le canton de Lhuis dans l'Ain, département voisin de l'Isère». La rumeur de la présence de loups et de la louve en particulier s'étend et fait tache d'huile selon le modèle centre-périphérie cher aux géographes. Ainsi, une géographie de la diffusion de la rumeur révèle l'ampleur du phénomène et la fragilité des mentalités, aussi lit-on dans ce même journal :
«L'émotion bien naturelle soulevée dans cette région de l'Isère par l'apparition d'un loup n'est pas près de s'éteindre. Bien au contraire ; il semble probable qu'elle va grandissant, alimentée par la présence probable bien que non prouvée formellement encore d'un deuxième, voire de plusieurs spécimens de cette espèce».
Même si les journalistes tentent bien d'apaiser les esprits, les témoignages affluent ; au hameau de Matheray à deux kilomètres de Morestel sur la route de Serméricu, M. Flamand trouve une tête de mouton et quelques touffes de poil accrochées aux fils de fer barbelés.
Le 16 janvier, les Allobroges signalent que «les commentaires vont bon train et que depuis 60 ans on n'avait pas tué de loups dans la région», donc depuis le début des années 1890. De nouvelles battues ont lieu à Saint-Chef le 17 où une chèvre servira d'appât ; celle-ci est avancée par les propriétaires que la «Municipalité remboursera si le succès couronne cette nouvelle tentative», le 19, «dans les plus pures traditions des grandes chasses aux fauves». Des poils sont aperçus accrochés à des barbelés lors de la battue de Trept, des

pièges sont posés dans le secteur de Vignieu et Saint-Savin, aussi tous les moyens sont bons pour se débarrasser de l'intruse.

Par mesure de sécurité tous les chiens doivent être enfermés ou attachés de manière à éviter les confusions avec la louve et les accidents car la «Municipalité de Saint-Chef ne répondra en aucune manière des chiens tués ou blessés».
Ces mesures de prévention visent à rassurer les populations paniquées par ces bruits de présence lupine sur leur propre territoire. La louve est encore aperçue le 21 janvier.
Devant le manque de résultat des battues, on décide que seule une battue de grande envergure pourrait permettre de tuer et déloger l'animal et de ramener le calme dans les chaumières du Bas-Dauphiné. Alors si la fermeture de la chasse est officiellement prévue depuis le 3 janvier, le retour des fauves change la donne.

L'historien Pierre Malet signale la «curieuse frousse collective qui s'était emparée de nos populations rurales à la suite de cet événement...Les loups on en voit partout : à Chamfronier dans l'Ain, à Entre-Deux-Guiers en Chartreuse», dans le Vercors, dans la Drôme, bref partout.
Ainsi à Vaulnaveys dans la Drôme, une redoutable bête était signalée dans une région boisée, il s'agissait en fait d'un malheureux chien-loup qui fut l'innocente victime de l'histoire. Les Dauphinois sont donc encerclés par les loups, ils se doivent de réagir fidèles à la tradition des «Brûleurs de loups»...

3) Rumeur et effroi : le temps de l'angoisse

Selon le témoin que j'ai interrogé, M. Mielly de Morestel, contemporain des faits et qui avait trente ans en 1954 «les gens voyaient n'importe quoi», les «gens fermaient la porte». Cette mémoire vivante des témoignages permet d'affiner les remarques précédentes, la rumeur amplifiée par les médias, instrument et vecteur privilégié de sa diffusion, se transforme en peur psychique. «L'appréhension» est quotidienne entre les 12 et 22 janvier, dix jours où tout le monde voit le loup, la louve et les louveteaux, où tout le monde a relevé des traces un peu partout. La rumeur enfle devenant une peur paranoïaque ; la mort du loup de Vignieu devient le principal sujet de conversation dans les hameaux et bourgades isolés du Bas-Dauphiné, «on ne parlait que du loup», et parler de la louve était devenu un sujet brûlant toutes les lèvres. Certains jouent de la rumeur et de la peur pour faire des farces, on exploite le climat de crainte qui amène certains parents à accompagner leurs enfants à l'école armés de fusils. Ainsi des fausses empreintes étaient disséminées un peu partout, à se demander si cette grande battue à la louve n'était pas un prétexte pour se retrouver tous ensemble.

D'autre part, la presse dans son ensemble exploite le filon de cette peur, diffusant la rumeur, l'amplifiant parfois pour de simples intérêts commerciaux selon les témoins interrogés «La presse a accentué la rumeur», cela «faisait vendre des journaux». Du coup la peur du loup à l'extérieur s'intériorise, elle devient une norme de l'entre-soi et d'un certain folklore.
En effet, M. Mielly me parle de la construction de fusils de bois vernis à la main, ce qui montre bien la peur que suscitait alors la louve.

Selon Albert Juppé, un autre témoin direct, les gens avaient réellement peur, les gens rentraient plus vite. Les enfants n'allaient plus à l'école entre les 12 et 15 janvier, «on se méfiait» du loup. Même si l'on sait que le loup n'attaque pas l'homme, la peur enflait et les enfants jouaient tout naturellement au loup dans la cour des écoles durant la récréation, s'amusant à se faire peur. La tension monte, ces battues secondaires n'ayant rien donné si ce n'est d'avoir tué des blaireaux confondus avec des loups, les populations étaient paniquées et désireuses de retrouver le calme.

Pour tenter de ramener le calme, les autorités préfectorales décident de mettre sur pied une grande battue, qui doit marquer les esprits et rassurer avant tout.

C) La battue monstre du 22 janvier 1954 : la première chasse aérienne du loup en France

1) Les conquérants de l'inutile

Une battue d'envergure est donc décidée par les autorités administratives de manière à servir d'exutoire aux tensions palpables parmi les communautés du Bas-Dauphiné, elle vise à faire cesser la rumeur, à calmer les populations et à annihiler une peur devenue au fil des jours quelque peu démesurée et dangereuse.
Aussi toutes les autorités se réunissent-elles le 21 janvier au soir pour fixer un plan de bataille. La guerre à la louve a sonné, les préparatifs de l'hallali se déroulent à l'hôtel de ville de Morestel où curieusement le loup de Vignieu naturalisé siégera durant plus de vingt ans.

Cette battue a un effet psychologique majeur, elle vise par son ampleur et la démesure des moyens déployés à sécuriser les villageois et se veut une mission de salut public. Elle est aussi une soupape à la violence des hommes reportant chacun leur énergie et leurs efforts vers une cible commune. Le chef des opérations est le lieutenant de louveterie M. Eric Vial avec le maréchal-chef des logis M. Brunet. A ces intervenants traditionnels, il faut ajouter le Docteur Couturier, l'homme aux 500 chamois, un des meilleurs fusils d'Europe comme nous le dit le Dauphiné Libéré du 23 janvier mais surtout Girault «l'as du manche à balai, celui-là même qui posa le premier un appareil sur les pentes du Mont-Blanc». Aujourd'hui décédé, ce héros de l'aviation montagnarde avec qui j'ai eu la chance de m'entretenir, devait faire équipe avec le Dr. Couturier, à la demande de ce dernier (son épouse a bien voulu me transmettre quelques renseignements par téléphone).
Ainsi, un quadrilatère boisé devait permettre de cerner le territoire couru par la louve entre Trept/Optevoz/Bouvesse/Morestel. Arandon devait servir de quartier général à la battue. La liaison radio était prévue lors de cette opération loup qui entre dans l'histoire et la mémoire des hommes en devenant «la première chasse au loup aérienne de France». En effet, si jusque-là tous les moyens terrestres avaient été utilisés pour traquer l'animal, l'aviation était une nouveauté. Aux Etats-Unis, on trouve des exemples de chasses aux loups et aux coyotes par avion, filmées antérieurement à la France.
La troisième dimension était un moyen privilégié pour saisir un animal si discret. L'avion américain d'observation de type piper-cub fut utilisé pour la première fois en France lors de la Libération. C'est un avion léger et passe-partout permettant l'observation. L'opération de bouclage et de ratissage prévoyait d'avoir recours au sol à plus de 2000 traqueurs, dont 120

chasseurs de la société de tir de Grenoble. Cette battue monstre du 22 janvier, soit dix jours après la mort du loup de Vignieu, devait entrer dans la légende et l'histoire.
On a beaucoup exagéré le nombre de participants à cette gigantesque battue, 2000 chasseurs étaient attendus et dénombrés par les médias, ils étaient en fait simplement une centaine dont Joseph Drevet, l'homme au loup de Vignieu. Les avions, le piper-cub de Girault, parti de l'aéro-club de Saint-Etienne de Saint-Geoirs, et celui de Montel que j'ai pu rencontrer, affrété par le journal des *Allobroges,* ne purent décoller le matin en raison du mauvais temps et de la brume épaisse.
Ainsi s'amorçait cette battue au pays des «Brûleurs de loups», en Bas-Dauphiné, sur les Terres Froides, les rabatteurs étant répartis tous les 50 mètres.

Enfin, une trouée dans le ciel permit au pilote Montel de décoller et de survoler la zone ; l'avion est salué comme nous le dit les *Allobroges* du 23 janvier, «le piper vole bas et les cultivateurs lâchent leurs bœufs pour nous saluer, des cours de fermes, en bas, des enfants nous saluent. Et cela nous donne du baume au cœur». Le succès populaire de l'opération est indéniable, d'autant plus que les médias ont la part du lion…
En effet, Gaumont et Pathé avaient dépêché sur place des équipes devant tourner des films pour les actualités cinéma des salles parisiennes. Les films que j'ai pu retrouver après une longue recherche illustrent à merveille en quoi cet événement local change d'échelle pour devenir le temps d'un instant national.
Outre la presse régionale, des magazines à audience hexagonale prennent le relais, tels *Radar* ou le *Détective*. L'affaire prend de l'ampleur par l'image, l'événement s'inscrit dans le temps de l'histoire. Tout le monde a conscience de l'événement, une des dernières chasses au

loup de l'histoire de France et ce au pays des «Brûleurs de loups».
«Combien d'hommes ont participé aux opérations ? 1000, 2000, peut-être. En tout cas, la grande presse était là, les actualités, les autorités. Il fallait bien faire quelque chose, devant le malaise incontestable». Malgré des moyens conséquents, la battue tourne au ridicule. «Nous n'avons pas tué le loup, mais nous venons de détruire sa légende, si le loup y était, il se montrerait» affirme les *Allobroges* du 23 janvier 1954.

2) Les raisons de l'échec de la battue

Si peut-être «officiellement maintenant, il n'y a plus de loups en Bas-Dauphiné !», la battue n'a eu aucun succès. La traque à la louve imaginaire, qui n'a existé que dans les consciences collectives, a montré comment une peur se transforme en paranoïa et mène à l'organisation de grands mouvements de foule restant sans effet face aux objectifs de départ. On peut même se demander si les autorités prenaient au sérieux cette opération ; en effet, l'avion de Girault a failli exploser au décollage, ainsi le meilleur fusil et le meilleur pilote de piper-cub durent suivre l'affaire depuis le sol alors que les journalistes racontèrent que Girault avait survolé la zone, le pilote m'affirmant le contraire lors de notre rencontre. Les *Allobroges*, eux, émettent d'emblée quelques doutes face à ce rassemblement en masse festif, proche du folklore, appelé d'ailleurs «le Congrès du saucisson» : «A la pensée des 1000 chasseurs portés aux bons passages dans les fourrés et les marais bas-dauphinois, des milliers de rabatteurs qui s'avancent inexorablement sur les traces du loup, on sourit malgré tout lorsque le Docteur Couturier raconte cette histoire qu'il certifie authentique».

Ce spectacle des hommes était plutôt une distraction aux yeux des protagonistes, sourires aux lèvres. D'ailleurs si la louve faisait si peur, comment expliquer les désaffections nombreuses et le gonflement par les médias régionaux quant au nombre de participants à la battue ? «Nous devions avoir des renforts de Grenoble, mais nous n'avons vu personne». Ceci est assez curieux pour une opération dirigée par des spécialistes du loup tels le lieutenant de louveterie ou le chef de l'administration, le sous-préfet Ricard.
D'autre part, la battue semble avoir été très mal organisée. Pour preuve, cette remarque des *Allobroges* : «Et c'est la battue prévue, le repas pour le casse-croûte qui consacrera l'hallali de cette battue organisée d'une manière trop hâtive et dont la direction est trop dispersée pourrait-on dire pour être efficace» ou encore «il faudra bien constater le peu de sérieux de l'opération, dans notre secteur, vingt loups auraient pu passer à travers la ligne, nous n'étions pas assez». De plus le mauvais temps a rendu l'utilisation des avions caduque.
De ce fait, la rumeur file bon train…la louve n'étant pas repérée, elle existe toujours dans certains esprits. La grande peur est retombée après cette démonstration de force et le véritable miracle de cette journée fut qu'il n'y eut pas de blessés, car le repas avait été bien arrosé.

3) Une rumeur persistante mais déclinante

Deux chiens-loups tuent douze moutons à Trévoux, dans l'Ain, le 21 mars 1954.
Des rumeurs persistent et se développent au-delà même des Alpes : en effet, la peur du loup se diffuse dans le Jura à Lons le Saunier où l'on suspecte la présence d'un canidé, ainsi que dans le Cantal, dans le Massif-Central.

En avril, trois mois après les événements, la peur du loup est retombée. Le lion de la Bâtie-Montgascon qui avait frappé les imaginations durant l'été 1953 était le loup tué à Vignieu. La rumeur de l'existence de la louve et de ses louveteaux provient de la peur du loup comme l'affirme Kapferer[8] : «La rumeur est un écoulement social acceptable de l'agressivité refoulée». Si cette rumeur n'était pas fondée sur des preuves concrètes, des vérités, elle se fonde sur le consensus qui la considère comme vraie, la louve a existé dans les esprits grâce à la rumeur, la première chasse aérienne du loup de l'histoire de France a pu voir le jour.
Cette rumeur est un véhicule de cohésion sociale des Dauphinois par le partage de la peur : on se solidarise et on exprime au nom du collectif ses sentiments individuels. Elle permet la création et le prolongement de relations sociales autour d'un thème fédérateur, la peur du loup, dans une région de tradition de chasse au pays des Brûleurs de loups. Ainsi, le loup de Vignieu révèle un pan de l'histoire des mentalités intramontagnardes des Alpes en réactivant le souvenir et la mémoire des relations entre les loups et les hommes. Le loup de Vignieu se transforme malgré lui en objet du patrimoine et devient un sujet de mémoire pour les hommes.

[8] Jean-Noël Kapferer, *La rumeur, le plus vieux média du monde*, Paris, 1987.

SECONDE PARTIE

LE LOUP EN DAUPHINE, UN ENJEU DE LA PEUR ET DE LA MEMOIRE COLLECTIVE.

A) La peur du loup : Une peur ancestrale

1) Les racines de la peur

«C'est donc avec raison que partout les loups sont regardés comme des ennemis publics, que tout le monde s'empresse à leur courir sus, et qu'on cherche à les détruire par toutes sortes de moyens» (Magné de Marolles, *La chasse au fusil*, 1788).

La peur du loup semble être instinctive. En effet depuis l'âge préhistorique, l'homme des cavernes a dû partager son quotidien avec les ancêtres des *canis lupus* actuels. L'espèce humaine, qui connaît le passage du nomadisme à la sédentarité entre le paléolithique et le néolithique, invente vers 5000 avant Jésus-Christ un nouveau mode de vie basé non plus sur la chasse et la cueillette mais sur l'agriculture et l'élevage. Ainsi, le loup commensal des hommes et de ses chasses se transforme dès lors en véritable concurrent pour le gibier et en véritable menace pour le cheptel élevé. De compagnon, le loup se transforme en rival, en prédateur et donc en nuisible. Pourtant cet animal suscite d'emblée la curiosité et l'intérêt des hommes. Ce dernier est représenté sur les parois rocheuses des abris souterrains, dans les grottes, comme si l'on cherchait à s'en emparer par le dessin et la représentation, et d'acquérir ainsi la force et l'intelligence de ce prédateur endurant (comme le montrent les peintures pariétales du loup des Eyzies en Dordogne). Son image devait impressionner les hommes du néolithique : ce voisin animal ne développait-il pas un modèle de vie en société qui pouvait séduire et attirer des hommes qui avaient déjà pu se rendre compte que la meute est une structure de groupe qui établit une hiérarchie de rangs entre les différents individus ?

Le loup s'est progressivement laissé apprivoiser pour donner naissance aux premiers chiens. En effet, des recherches génétiques récentes ont montré que le loup est l'ancêtre de tous les chiens actuels sans aucune distinction de race ni de taille.
Les premières traces de chiens domestiqués remontent au Proche-Orient dans le désert jordanien en –14000 avant JC. Il se crée dès lors une séparation entre les canidés restés à l'état sauvage et ceux qui par générations successives ont préféré la sécurité des hommes et d'une nourriture abondante aux risques de la pénurie. Un conflit atavique naît de cette césure, cette rupture opère un changement d'attitude, un glissement vers le refus et le rejet de ce qui constitue un rival encombrant. La concurrence pour la maîtrise de l'espace s'avère être un enjeu essentiel de l'antagonisme entre l'homme et le loup. Nul doute que c'est à partir de ce moment là que va s'inscrire pour le loup la peur de l'homme. Ainsi la zoo-histoire se propose d'étudier l'angle des relations homme-animal, ici entre le loup et l'homme, à travers le regard, les représentations du loup. Cette science tente également de comprendre les racines éthologiques de la peur qu'éprouve réciproquement le loup à l'égard de l'espèce humaine dans l'espace temps de la longue durée.

Mais que se cache-t-il derrière les racines de la peur envers ce canidé vénéré et détesté à la fois et qui suscite chez l'homme la passion ?

L'homme rejetterait-il dès lors l'image même de ce qu'il fut par le passé en des temps où la chasse était essentielle à la survie des groupes humains et où il partageait ses repas avec les loups ? Il est bien difficile de saisir cette histoire en creux faute de documents sur les relations homme-loup, mais ce qui peut d'emblée être affirmé avec certitude c'est que les racines de la peur et de la crainte trouvent leur origine dans cette période charnière. Cette période a fixé le cadre mental à partir duquel les représentations mentales et culturelles ont modelé les bases d'une culture de la peur du loup. Avoir peur du loup fait partie des réalités culturelles et de l'histoire des mentalités des sociétés humaines, elle deviendra un patrimoine commun, un référent culturel auquel les hommes adhèrent par reproduction sociale, par habitude et de manière automatique. On peut se demander si l'on n'observe pas à ce moment-là le cadre mental des rapports homme-loup ou loup-homme.

En chassant le loup, l'homme chasserait en fait sa propre image, sa propre représentation d'un instinct sauvage refoulé par les lois d'organisation de la société. Le loup serait par son mode de vie sauvage et insoumis à l'homme un reflet de l'homme qui tente de maîtriser son environnement et dont le loup est le symbole le plus fort. La bête humaine se lit à travers le loup.

2) Un animal diabolisé et une peur instrumentalisée

La christianisation de nos sociétés occidentales ne fera que renforcer cette dichotomie entre l'homme et le loup. Ainsi, en plaçant le chrétien en brebis fidèle à la parole du berger Jésus-Christ, le loup ne peut que symboliser la «male bête», c'est-à-dire la méchante ou mauvaise bête, celle qui représente le danger, l'anté-Christ, le diable qu'il faut absolument faire disparaître. Le loup a été, qui plus est, le porte-étendard des calamités naturelles, perçu comme un véritable fléau, apparaissant dans toute sa vigueur lors des crises de subsistance au sein des communautés villageoises.

Seuls quelques saints intercesseurs des hommes pouvaient calmer et tempérer l'appétit des loups tels saint Hervé en Bretagne, Saint Blaise en Alsace, Sainte Geneviève en Lorraine, Saint Adelphe (Adolf viendrait de *wolf*, loup en allemand) ou Wolfgang dans les pays germaniques. Le plus célèbre d'entre eux n'est autre que Saint François d'Assise qui calma Frère Loup de Gubbio en Italie au XIIIe siècle qui, en échange de nourriture, arrêta ses déprédations à l'encontre des villageois.

La racine indo-européenne du mot loup vient en effet de *varkas*, c'est-à-dire du terme ravisseur, voleur, fixé par les Aryens entre le XVIIIe siècle avant J-C et le XVe siècle dans le Nord de l'Inde actuelle selon Georges Dumezil. Ce terme a donné naissance au *wolf* anglo-saxon et *bleiz* celtique. Le loup se rapproche des hommes lors des temps de crise, famine, peste, guerre fréquents sous l'Ancien Régime.

Nombreuses furent les prières et les patenôtres (paternoster) contre le loup sermonnées par les curés, «Seigneur délivre-nous de la peste, de la famine et du loup».

En effet, le loup sort du bois durant les terribles hivers du «petit âge glaciaire», notamment en 1709, lors du fameux «grand hyver» décrit par la princesse Palatine. Le loup devient charognard par facilité ; ubiquiste, il se nourrit toujours de la manière la plus simple et la moins dangereuse pour lui. S'il se risque alors à entrer dans les villages où il se fait chasser d'habitude, c'est qu'il peut se nourrir à moindre frais, sans aucun risque.

Souvent les communautés villageoises n'avaient pas le temps ni la force d'enterrer les corps lors des épisodes d'épidémies et de famines et les transportaient à la sortie des finages : le sol étant gelé, les cadavres étaient jetés dans les fosses à loups qui environnaient les finages de ladite communauté. A ce titre, il tombait souvent des hommes dans les fosses à loups. A titre d'anecdote, parfois un loup y était déjà tombé, précédant l'arrivée de l'homme ou lui succédant, mais jamais dans tous les récits récoltés je n'ai pu lire le moindre cas d'attaque du loup sur l'homme dans ces fosses[9].
Le loup recroquevillé au fond se faisait tout petit, mort de peur, tout comme l'homme qui utilisait divers artifices pour maintenir le loup à distance (feu, lumière, musique) ; le lendemain, l'homme était retrouvé sain et sauf et en était quitte pour une bonne sueur froide. Alors que le loup, lui, était ramassé, comme le montre les illustrations du *Livre de la Chasse* de Gaston Phoébus, à l'aide d'une perche et de filet; puis on le prenait vivant, sans aucune difficulté, par la peau du cou, comme en Russie actuelle où l'on utilisait des soporifiques placés dans des appâts déposés en forêt.

[9] Gérard Ménatory, *La peur du loup, du mythe à la réalité*, Paris, 1990.

Ces récits nous montrent la peur extrême que le loup ressent à l'égard de l'homme (de l'animal vertical que nous représentons : c'est la station debout et donc notre verticalité qui maintiendrait à distance le loup) et le faible danger qu'il représente pour l'homme.
Sans vouloir récuser certains historiens, je m'étonne simplement du traitement arbitraire des sources laissées à l'écart, car elles remettraient en question les présupposés traditionnels qui font du loup le coupable idéal. L'homme a peur du loup depuis toujours et cette tradition se justifie par la méconnaissance et le manque de discernement au sujet du comportement de l'animal que certains historiens enracinent aujourd'hui encore.
Montrer aujourd'hui que l'on peut faire une autre lecture des rapports socio-historiques entre hommes et loups en croisant archives et données éthologiques, c'est être un peu loup dans la bergerie sur le plan intellectuel parmi les historiens et non parmi les biologistes et les éthologues qui depuis trente à quarante ans commencent à bien cerner le loup. En ce sens, travailler sur les rapports hommes-loups à travers l'histoire, et donc sur les mentalités et les représentations, nécessite une approche interdisciplinaire dans la perspective d'une histoire totale chère à Marc Bloch et Lucien Febvre.

Le loup est au coeur d'une approche croisée entre les disciplines. Reflet de l'âme humaine, le loup révèle l'homme à lui-même. Il est un marqueur identitaire fort sur le plan géographique, dessinant à travers l'histoire une géographie du loup par la toponymie : les lieux du loup parlent à la mémoire des hommes pour peu qu'on sache les écouter et s'y intéresser. Le loup est parfois victime de son succès, c'est un sujet à la mode aujourd'hui, beaucoup y voient l'occasion de faire un livre et d'éditer au mépris de la véracité des sources et du comportement de l'animal. Or, face à tous les propos calomniateurs accusant le loup de massacres, le transformant en mangeur d'homme, sanguinaire, insatiable, on peut poser une question : pourquoi les loups si friands de chair humaine par le passé se privent-ils aujourd'hui de ce mets si délicat ? Pourquoi dans le monde entier qui comprend entre 150.000 et 200.000 loups, ne relève-t-on aucune attaque de loup sur l'homme ? (il y a environ 600 loups en Italie, près de 2000 en Espagne actuellement). On peut trouver pour le moins bizarre ce revirement des modes habituels de consommation du loup à l'égard de l'homme… Fantasme du Petit Chaperon Rouge, quand tu nous tiens!

Si des cas d'attaque du loup sur l'homme ont sans doute existé, ils ne sont que des cas rares liés aux crises de subsistance, à la rage, aux conditions climatiques extrêmes, aux guerres, aux épidémies nombreuses en ces siècles de violence[10]. Les archives ne retiennent que les événements extraordinaires, sortant de la norme, pour taire tous les autres cas où les loups et les hommes cohabitaient à bonne distance l'un de l'autre. Pour un loup dangereux, combien de loups peureux et craignant l'homme ont été tués ? Aujourd'hui encore, une seule pierre jetée par de

---

[10] Alain Molinier, «Environnement et histoire, les loups et l'homme en France», *Revue d'Histoire moderne et contemporaine,* 28, avril 1981. L'auteur montre très bien le lien entre les crises de subsistance de l'Ancien Régime marquées par le cycle des famines, disettes, épidémies et l'irruption des loups charognards, sortant des bois et faisant alors fi de la crainte de l'homme. Ainsi, durant la guerre de Cent Ans, la Grande Peste de 1328, les Guerres de Religion du XVIe siècle, les guerres de Trente Ans en Alsace et Lorraine notamment, la période révolutionnaire et les guerres napoléoniennes, on voit des bandes de loups suivre les champs de bataille et se nourrir à moindre frais, évitant ainsi le développement des épidémies. Une notion de dynamique dans l'espace entre l'homme et le loup peut ainsi être mise en avant, quand l'homme recule, le loup avance et inversement…aujourd'hui encore le loup est revenu sur des terroirs abandonnés par l'homme car jugés non rentables.

jeunes bergères suffit à effaroucher les loups sensibles à la présence de chiens à collier en fer acéré et à celle des hommes. Les loups fuient l'homme et le sentent à plusieurs kilomètres, leur peur s'est transmise à leurs congénères à travers les siècles tel un héritage. Le fait de faire du bruit, de frotter deux sabots cloutés l'un contre l'autre suffisait, en provoquant une étincelle, à tenir à distance les loups, sans parler de l'attirance et de la crainte des loups pour le feu.

Si le loup représentait réellement cette menace existentielle, pourquoi les différentes communautés villageoises se contentaient-elles uniquement de quelques huées et battues auxquelles les nobles, tel le Grand-Dauphin, trouvaient un plaisir immense ?

Les loups étaient parfois proches des corps de ferme et des exploitations agricoles ; franchissant les limites des villages, ils se retrouvaient souvent sur les cimetières à déterrer parfois les cadavres mais aussi attirés par les restes de corps. Une superbe illustration de ces loups attirés par les cadavres des cimetières montre au XIXe siècle des loups faisant le mur, (il s'agit des *Lupins* de Maurice Sand), représentant à merveille la relation du loup se nourrissant sur les charniers des hommes.

Buffon, dans son *Histoire Naturelle,* diffuse en plein XVIIIe siècle ce qui est devenu la norme culturelle dans la France d'Ancien Régime : «Le loup aime la chair humaine et peut-être que s'il était plus fort, il n'en mangerait point d'autre et on a vu des loups accoutumés à la chair humaine se jeter ensuite sur les hommes, attaquer le berger plutôt que le troupeau, dévorer des femmes, emporter des enfants et devenir parfois furieux par ces excès qui finissent ordinairement par la rage et la mort».

Le loup empêchait dès lors la propagation de maladies en jouant son rôle d'épurateur, nettoyait les villages de ces cadavres encombrants. Les pestiférés étaient dévorés par les loups, qui ne contractent pas les maladies de leurs proies ; ainsi, le loup rendait service aux hommes doublement, en se repaissant de cette viande providentielle. Il éliminait certains risques d'épidémie (très peu d'historiens l'ont fait remarquer) et confirmait l'image biblique de dévoreur de chair humaine. La diabolisation du loup s'est renforcée lors de ces épisodes nombreux et fréquents, donnant des arguments à la population pour voir à travers le loup le symbole de l'infortune des hommes. Mais le loup n'est pas le seul charognard, les renards, blaireaux, corbeaux et loups-cerviers (lynx, que Buffon ne connaissait pas...) s'invitaient également à la table des victimes.

Le christianisme tenait là des arguments et des preuves visibles du danger du loup pour le troupeau chrétien; le curé de paroisse, en bon berger, trouvait là un excellent moyen de rappeler ses ouailles dans le bon chemin du christianisme tridentin de la Contre-Réforme[11]. La peur du loup se transmet ainsi par le vecteur de l'Eglise qui n'hésite pas à instrumentaliser cette peur et cette crainte, la diabolisant et la récupérant à son profit lors de l'irruption de la Bête du Gévaudan qui, entre 1764 et 1767, a tué plus de cent personnes (de préférence des femmes et des jeunes filles du type Chaperon Rouge du conte de Charles Perrault qui se développe à la même époque). L'Eglise y voit l'œuvre de Dieu, la Bête est l'envoyé du ciel en éclaireur, il annonce le châtiment divin pour prévenir les hommes de leurs erreurs (alors gare au loup ou gardez-vous du loup, loup-garou ? de la nature agressive et instinctive sommeillant en l'homme ?).

---

[11] Daniel Bernard, *L'homme et le loup*, Paris, 1981.

De plus, le loup, symbole lié à la sorcellerie, est l'ennemi du troupeau, il faut le condamner aux bûchers de l'Inquisition pré et post-tridentine. Le loup a servi de figure symbolique du mal, il a incarné le lien entre louves et sorcières aux mœurs dépravées, à la sexualité débordante (tel le lupanar des Romains) et, comme on le disait, à la «matrice féconde et endiablée». Ne disait-on pas que les sorcières mettaient les soirs de sabbat nocturne des bas en peau de loup et qu'elles voyaient alors le loup..., (l'animal vertical qu'est l'homme, qui est le vrai loup du petit chaperon rouge)[12].
Le catholicisme, éprouvé par les guerres de religion face aux «loups protestants», s'est servi de la peur du loup pour condamner protestants et sorcières aux bûchers entre la fin du XVe siècle et la seconde moitié du XVIIe siècle. La croyance en la lycanthropie, c'est-à-dire aux loups-garous, la capacité de l'homme à se transformer et à se métamorphoser en loup, remonte à l'Antiquité avec Lycaon. Roi d'Arcadie, il avait osé servir aux Dieux et à Zeus la chair d'un enfant lors d'un banquet. Il fut puni par Zeus à errer neuf années durant, sous la forme d'un loup. Cette peur des loups-garous a connu sa consécration lors des guerres de religion où l'on pendait les huguenots hérétiques au gibet de Montfaucon, comme des loups accrochés aux arbres. D'ailleurs, il est intéressant de noter le discours politique de l'époque qui fait du loup l'image de l'altérité à éliminer, de l'Autre, le protestant aux yeux des catholiques, ou à l'inverse, selon Agrippa d'Aubigné, le catholique aux yeux des protestants [13].
Cette utilisation du loup et de son image montre à nouveau son omniprésence dans la culture des élites,

---

[12] Paul-Emile Victor et Jean Larivière, *L'empire des loups*, Paris, 1991.
[13] Geneviève Carbone, *La peur du loup*, Paris, 1991.

principalement la noblesse. Mais, cette croyance aux loups-garous (*warous* en Picardie, *werwolf* des pays germaniques et anglo-saxons), se développe et s'enracine surtout dans le vieil inconscient collectif des couches populaires et des masses paysannes.
Le temps des bûchers, des sorcières enflammées, en cette période de troubles, se révèle néfaste pour l'image du loup. Même les esprits éclairés tel l'humaniste Jean Bodin se laissent séduire par ces thèses lycanthropes et par le «marteau des sorcières» cher à Sprenger. Ecoutons l'auteur médiéval, Pierre de Beauvais : «Le loup représente le Diable car celui-ci éprouve constamment de la haine pour l'espèce humaine, et il rôde autour des pensées des fidèles afin de tromper leurs âmes…».

Certains hommes profitaient de la crédulité et du désarroi provoqué par les troubles religieux et civils pour endosser des peaux de loups et détrousser à l'orée du bois de pauvres victimes. Celles-ci déboursées, voyant là la preuve matérielle de ces hommes-loups, n'ont pu que diffuser et colporter la croyance à ce phénomène.
D'autre part, l'Eglise et les communautés villageoises se méfiaient de ces hommes vivant à la lisière des bois, à la frontière géographique entre cité et monde sauvage ; on les appelait les meneurs de loups ou «meneux». On croyait ces derniers capables d'utiliser la force des loups, de conduire les meutes la nuit à l'aide d'un instrument (cornemuse, fifre ou violon selon les provinces et les «pays»), après avoir passé et signé un pacte avec le diable. Maîtriser la nature sauvage du loup a toujours fasciné car le loup, on le sait, est un animal qui craint l'homme et n'aime guère sa compagnie. Indépendant, il a tendance à fuir l'homme, aussi est-il très rare de surprendre un loup aujourd'hui encore. Prudent et méfiant, le loup ne peut être domestiqué, seulement apprivoisé. Les montreurs de loups, qui devaient avoir pris au liteau des

louveteaux qu'ils avaient ensuite élevés avec des chiens, ont profité de la peur du loup pour gagner leur vie, assurant à certains d'entre eux un revenu non négligeable. Les primes pour la mort des loups et la vente des fourrures sont à inclure dans ce marché du loup dont les hommes n'ont pas fait l'économie.

L'image du loup a donc été d'emblée altérée au nom des besoins de l'Eglise d'imposer un message à la masse paysanne mal nourrie, fragile, sujette à la peur et à l'angoisse durant ces siècles de fer. En portant sur lui l'ensemble des représentations négatives liées au diable, le loup a endossé malgré lui ce rôle de bouc émissaire à travers l'histoire et la mémoire collective, il est ainsi devenu un émissaire du mal absolu. Le loup a donc subi cette représentation, qui s'est tissée au fil des siècles, n'apparaissant qu'en temps de troubles (ce qui prouverait bien selon les registres qu'en temps normal le loup se tient à l'écart des hommes comme de nos jours...), il est le révélateur des malheurs des hommes. Le loup, symbole des crises et symptôme des peurs humaines, voilà un tableau idéal qui fait de lui le coupable tout désigné pour être éliminé. Prédateur rival du gibier de la noblesse et des seigneurs, concurrent des bergers sur les estives menaçant le troupeau ovin ou caprin, il est également une menace directe pour le troupeau des Chrétiens, instrumentée et véhiculée par l'Eglise catholique. La peur du loup se transmet par les élites et se diffuse pour devenir populaire et s'enraciner durablement dans la mémoire et le cœur des hommes.

3) Le loup : un prédateur par nature

Les naturalistes ont pour la plupart relayé cette image négative du loup. Ecoutons le plus célèbre d'entre eux, Georges-Louis Leclerc, comte de Buffon, qui dépeint un

triste tableau du loup dans son *Histoire Naturelle*, figé désormais dans la mémoire collective :
«Il n'y a rien de bon dans cet animal que sa peau ; on en fait des fourrures grossières qui sont chaudes et durables. Sa chair est si mauvaise qu'elle répugne à tous les animaux, et il n'y a que le loup qui mange volontiers du loup. Il exhale une odeur infecte par la gueule. La mine basse, l'aspect sauvage,..., le naturel pervers, les mœurs féroces, il est odieux, nuisible de son vivant, inutile après sa mort ». La messe est dite pour le loup et ses congénères, d'autant plus que des traités de vénerie de Jacques du Fouilloux au XVIe siècle avaient d'emblée catalogué le loup comme l'ennemi de toute société : «entre tous les animaux sauvages, vivant dans les bois et sujets à la chasse des hommes et des chiens, le loup est le plus méchant, qui fait plus de mal et de nuisance, et qui mérite d'être couru, chassé et halé des chiens et des hommes».

Si la peur du loup s'appuie sur ce message délivré par l'autorité spirituelle et sur la menace physique pour la chasse et les troupeaux, on peut ajouter d'autres éléments liés à cette culture de la peur. Si le loup est le mammifère le plus répandu, il est un animal très peu connu : on ne le perçoit que de manière cyclique, en hiver par temps très froid et au printemps proche des tanières et des nouvelles portées repérées. Faut-il signaler le fait qu'aucune louve n'a jamais, en état normal, c'est-à-dire non enragée, attaqué un humain prenant du liteau les louveteaux en poche; la mémoire paysanne inscrite dans les archives peut en témoigner. Animal discret par excellence, le loup se fond dans son environnement, s'adaptant aux froids extrêmes : sa fourrure et sa bourre d'hiver le protègent des températures extrêmes, ses pattes forment des raquettes qui lui permettent de ne pas s'enfoncer dans la neige, contrairement à certaines de ses proies. Prédateur né, résistant et endurant, capable de parcourir de vastes

surfaces sur son territoire en quête d'une proie, il sait se cacher et rester à couvert. Aujourd'hui encore, il est bien difficile, sauf pour les plus chanceux, d'apercevoir et de croiser le regard du loup en pleine nature.
Ainsi, il a fait de la montagne et des forêts d'altitude son refuge de prédilection. L'association loup-forêt s'est donc réalisée très tôt, car la densité des fourrés des forêts mixtes est pour le loup une garantie de survie et une protection face à son unique ennemi : l'Homme.

Sur ces vastes surfaces boisées, souvent impénétrables pour l'ensemble des hommes sauf pour quelques chasseurs et quelques braconniers, le loup vivant en meute pouvait déployer son énergie à chasser ses proies favorites tels le cerf, le chevreuil, le chamois, le bouquetin et le sanglier. Attaquant de préférence les animaux malades ou les jeunes, le loup joue un rôle de régulateur naturel de la faune. C'est à ce titre que les Inuits considéraient le loup comme le médecin de la forêt, car il permettait le maintien en bonne santé des troupeaux de caribous au Canada.

Sortant des bois lors de la raréfaction du gibier, le loup qui ordinairement se tenait à l'écart des hommes et à bonne distance des villages, s'infiltrait en hiver et s'immisçait parmi les hommes en meutes entières dévorant les cadavres ou les personnes très faibles (enfants ou personnes âgées, mais très rarement des hommes valides et dans la force de l'âge)[14]. Le hurlement énigmatique et mystérieux des meutes de loups devait certainement

---

[14] La Princesse Palatine nous signale dans sa *Correspondance*, lors du fameux hiver de 1709, des bandes de loups proches des villages. *Le Journal d'un bourgeois de Paris* au XVe siècle déjà nous signalait la présence en plein Paris du loup Courtaut qui attaquait femmes et enfants en plein jour dans les rues et se nourrissait de cadavres humains à la manière d'une Bête comme celle du Gévaudan plutôt qu'à la manière du loup.

glacer d'effroi les populations reculées des montagnes dauphinoises. Ce spectacle de la nature a été un élément de la peur du loup, l'écho important des vallées alpines le long des couloirs naturels de circulation permettait aux populations de dialoguer du pied au sommet de la montagne quelle que soit la dénivellation et l'étagement, et donc de prévenir et d'anticiper par le bruit du hurlement la présence des loups en ces froides nuits d'hiver où le temps matériel paraît être suspendu. Ces images d'animaux, broyant les restes humains et faisant des cadavres des reliefs de repas, devaient choquer et saisir d'effroi les populations intra-montagnardes du Dauphiné. Ces images étaient interprétées comme l'incarnation du malin par les populations affaiblies devant ce spectacle de désenchantement. Le loup devient ainsi le symbole des hantises humaines, porteur des images de la mort. Il est devenu l'ennemi absolu qu'il faut exterminer par tous les moyens.

Qui plus est, le loup est porteur de la rage, il la transmet à ses congénères mais également aux bêtes mordues comme le gibier, les moutons, les chiens et... les hommes. C'est au seul titre de la rage et de la volonté des pouvoirs publics de la IIIe République d'éradiquer ce fléau que les loups ont été exterminés au XIXe siècle. La nature de la peur s'est transformée au siècle de l'hygiène et du vaccin de Pasteur en 1885. Rares ont été les cas d'attaque de loups sur l'homme quand ceux-ci étaient dans leur état normal, la plupart des récits parlent de loups enragés qui au demeurant sont foudroyés par la maladie au bout de trois jours. Comment peut-on croire des historiens contemporains quand ils prennent pour argent comptant leurs sources et affirment que certains loups enragés étaient signalés plusieurs semaines dans certaines régions? Etre prisonnier des sources est dangereux et représente une erreur intellectuelle grave quant à la démarche historique.

Si des loups ont attaqué des hommes, 9 fois sur 10 ils étaient enragés. D'autre part, on lit souvent dans les registres paroissiaux que les loups ont dévoré des cadavres. Le verbe dévorer fait comprendre que la plupart du temps les loups n'ont pas tué l'homme mais ont profité de la violence locale pour se repaître : la peur du loup n'aurait-elle pas été utilisée pour maquiller certains homicides de l'Ancien Régime ? L'image du loup est consensuelle, devenant une norme généralisée, le loup servait là aussi de défouloir et de bouc-émissaire aux sociétés humaines. On peut y voir plutôt une image et une représentation de la violence ; une fois de plus le loup rendait service et faisait œuvre utile en maquillant, sous son nom, les crimes.

Le loup est un compagnon indispensable à l'homme ; antithèse sauvage des sociétés humaines, il en expie les fautes et cristallise à merveille la peur («loup quand tu nous tiens ! »).

B) Le loup de Vignieu, un patrimoine à conserver

1) Pourquoi avoir envie de conserver la dépouille ?

La chasse au loup de Vignieu réveille une culture du passé enfouie dans la mémoire et les souvenirs collectifs. Elle réactive le temps d'un instant le sentiment d'appartenance à une culture, celle des « Brûleurs de loups». Dans tout le Dauphiné, ce loup ranime la flamme et la fierté des chasseurs et réaffirme leur identité particulière. Le loup est dans ces contrées du Bas-Dauphiné, un élément de la mémoire collective et de la tradition. Un folklore et une culture particulière se sont développés autour de cet animal. Autour de sa chasse, le loup a laissé son empreinte dans les mentalités et a été doté par les hommes d'une charge symbolique. Il fait partie intégrante du patrimoine alpin et dauphinois en particulier, il est une clé d'entrée à la compréhension des mentalités villageoises.

Agissant comme un miroir, ce prédateur révèle à l'être humain sa double nature, il reflète tant la part du sauvage en l'homme, de son instinct bestial, que l'aspect social de son mode de vie en meute très proche de l'homme par beaucoup d'aspects. Le loup, paradigme de l'homme, permet par sa nature à la fois sauvage et sociale (le modèle de la vie en clan) de devenir la pierre angulaire des peurs humaines, le déversoir de nos pulsions et le bouc-émissaire de nos passions. Autour de son image, des représentations très anciennes sont véhiculées à son sujet, dessinant le tissu de croyances souvent erronées par manque de connaissance. Ces images transmises de génération en génération fixent un cadre mental, celui de la peur, et une culture collective de la crainte alimentée par la rumeur. En ces temps où l'alphabétisation est rare, la croyance en la tradition est coutume et d'usage courant, aussi la vérité est vite abandonnée. Les loups vont pâtir de cette image de souffre-douleur mais vont servir les intérêts des communautés villageoises. Par la crainte qu'ils font peser sur les âmes humaines, ils font prendre conscience à celles-ci de leur existence. Avoir peur des loups est une marque de la civilisation des mœurs en cours et selon Norbert Elias, s'en détacher serait un sacrilège et risquerait de vous rendre marginal[15].

Le loup joue le rôle de ciment des communautés villageoises des Alpes, il permet à celles-ci de prendre conscience d'elles-mêmes, d'affirmer leur identité. En effet, l'animal symbolise le Mal par excellence, il révèle la pulsion-passion des Nemrods et permet de déverser en son nom une partie des énergies, telle la haine et des

[15] Norbert Elias, *La civilisation des mœurs,* Paris, 1987.

ressentiments profonds. Sa chasse libère les énergies refoulées et cristallise contre le loup la violence locale. Animées par les autorités publiques, par les primes et les sermons des ecclésiastiques présentant les loups comme des incarnations du diable, les populations regroupées créent ensemble des liens, nouent un tissu de relations donnant chair à leur propre existence. Chasser le loup, c'est chasser pour se rassurer personnellement et collectivement, c'est vouloir protéger ensemble son patrimoine en têtes de bétail. Les individus chassent pour mettre fin à leur angoisse du temps et à la conscience de la fragilité de l'existence humaine.
Le loup se surimpose aux fléaux traditionnels, il est la marque vivante du danger à éliminer par les battues. Les cris des hommes, les échos en ces vallées alpines, les bruissements des feuilles créent une culture commune de la chasse et offrent un temps de partage à chaque homme habitué à vaquer à ses propres tâches. Ainsi, tuer le loup ensemble permet à la communauté de se retrouver, de redéfinir pour les collectivités une identité, de recouvrer un territoire, une géographie intérieure sensible : celle de l'équilibre ? Tuer le loup permet aux villages de retrouver l'harmonie perturbée par l'irruption du canidé et de retrouver ensemble une solidarité inter-villageoise. La vie sociale du loup, en clan hiérarchisé axé autour d'un couple dominant, est un reflet du microcosme sociétal. Symbole de l'ombre (hiver, forêt) et de la lumière (tanière au printemps), le loup a permis de forger et souder les communautés collectives et de dessiner des lieux de mémoire au travers de la toponymie, sorte de géographie du loup, et ce à pas de loup…à travers les siècles (mont du loup, couve à loup, fontaine du loup).

Le retour des loups en Dauphiné est double : physique et réel par sa mort, et mental par la résurgence de pans de culture évanouis, du moins le croyait-on. La traque de la louve imaginaire a permis aux hommes, malgré son échec, de se retrouver, de partager ensemble le «congrès du saucisson». Il est donc un élément de socialisation fort, créateur de lien social. Le retour du loup incite les enfants à jouer au loup dans les cours d'école, il est un prétexte à se faire peur. La mort du loup de Vignieu donne lieu à une célébration et à un temps de récréation, on boit à la santé du loup, on festoie ensemble. Les premiers articles sont réalisés par Marc Perry du *Dauphiné Libéré*. Le loup, dès lors, devient un enjeu pour les communautés du Dauphiné. Chacun s'attache à venir voir l'animal, à le toucher, à le contempler. Les premières photographies sont comme les preuves vivantes de l'événement, la confirmation que toute cette histoire n'est pas un leurre. Les rumeurs qui circulaient depuis l'été 1953 étaient donc justifiées. Le lion de la Bâtie-Montgascon était en fait un loup, aussi surprenant que cela puisse paraître. C'est un véritable cortège de visiteurs qui se presse autour de la dépouille du loup abattu. Symbole de fierté et d'identité, le loup de Vignieu remet en scène la thématique des anciens «Brûleurs de loups» : les battues ne se faisaient-elles pas «dans les plus pures traditions des grandes chasses aux fauves» ? (*Allobroges* du 20 janvier 1954).

2) Les conflits d'intérêt autour de la dépouille

a) entre les journaux

De surcroît, le *Progrès* de Lyon s'attache le soir même à ramener la dépouille dans ses locaux et promet de prendre en charge les dépenses afférentes à la naturalisation du loup. Ainsi, le loup est bien d'un intérêt local, il permet au journal un vaste coup de publicité pour une première page et un tirage exceptionnel le 13 janvier 1954. La lutte journalistique pour obtenir la dépouille du loup entre le

Progrès de Lyon et le *Dauphiné Libéré* de Grenoble révèle l'importance que revêt ce loup pour l'histoire locale. Elle est un révélateur du conflit entre deux villes et deux journaux qui cherchent alors à obtenir l'exclusivité de la nouvelle. C'est de bonne guerre que le *Progrès* réussit à «voler» le loup de Vignieu aux Dauphinois, ce qui provoque l'ire des populations et l'intervention du Docteur Couturier qui demande à ce que ce loup, témoin de la longue tradition des «Brûleurs de loups» reste présent dans le patrimoine dauphinois.
De nombreuses personnes expriment leur mécontentement dans les *Allobroges* du 16 janvier 1954 : «C'est donc un événement rare qui vient de se passer dans notre région et à ce titre, il a soulevé une immense vague de curiosité à la nouvelle de la mort du loup. Tout le monde aurait voulu voir la bête. Et...bien sûr, il y a eu une amère déception à Bourgoin-Jallieu où l'on avait promis d'exposer la Bête, et à Trept où les habitants eurent les plus fortes émotions, on aurait bien aimé que l'on pense à leur montrer avant de l'expédier à Lyon pour sa naturalisation». Cette surenchère montre les conflits d'intérêt entre journaux et entre les villes, et reflète le ressentiment des populations qui ont loupé le passage du loup et qui voient ce loup entrer en héros dans les locaux ... du *Progrès* à Lyon.

b) entre les communes

Le loup est naturalisé à Lyon par les bons soins de M.Novarino du Muséum d'Histoire Naturelle. Le certificat de M. Viret confirme que l'animal abattu est bel et bien un loup mâle adulte d'un peu plus de quarante kilos, ce que le public peut lire dans les colonnes du *Progrès* le 23 janvier 1954. Son retour au pays des «Brûleurs de loups» suscite l'intérêt et l'engouement. Les communes qui ont participé à la battue du 12 janvier entendent chacune faire valoir leurs droits sur la dépouille, car chacune entend s'octroyer la part du loup, c'est-à-dire se l'approprier. Les communes partent donc en quête de légitimité et veulent détenir une part de propriété sur l'animal naturalisé, ce qui prouve bien que ce loup est un enjeu essentiel de la mémoire collective. Le loup mort passionne encore et les hommes s'en font l'écho au travers de batailles procédurières compliquées. Le loup de Vignieu offre un cas unique de partage de dépouille entre les communes qui s'estiment chacune responsable de l'animal, aussi un conflit s'engage pour savoir qui obtiendra la garde exclusive de la dépouille, Vignieu où le loup a été abattu, ou Sermérieu où le loup a été blessé, ou bien encore Vasselin ? D'ailleurs on ne sait plus comment appeler cet animal, ceux de Sermérieu l'appellent le «loup de Sermérieu» et ceux de Vignieu «le loup de Vignieu» bien entendu. Le loup devient un enjeu identitaire de fierté pour chaque individu, ce loup est l'objet d'une polémique autour de son appartenance. Il est le reflet d'un dénominateur commun et d'identification des populations au groupe, à un «pays», le Dauphiné, à une commune. Il est un élément de ciment et de solidarité intervillageoise.

Dans ce procès autour de la dépouille lupine, le Préfet décide d'octroyer la garde de l'animal à la commune chef-lieu de canton, à savoir Morestel, où l'animal était toujours exposé jusqu'il y a peu de temps à la Maison du Pays, dans une cage en verre, à l'abri des altérations du temps[16]. C'est ainsi que le conflit fut tranché pour ne léser personne, chacune des communes aura le droit d'exposer chaque année et de manière ponctuelle le loup naturalisé en son sein ; cette tradition de loup voyageant de

[16] Le loup est aujourd'hui visible à la mairie de Vignieu, cela montre bien l'intérêt qu'il suscite encore aujourd'hui pour les communes et sa charge mémorielle pour les communautés villageoises.

commune en commune existe toujours aujourd'hui, le temps de quelques semaines.
C'est ainsi qu'un vulgaire loup entre en citoyen d'honneur dans la salle de la mairie de Morestel et y restera durant plus de vint ans. Le loup mort est donc placé au regard quotidien des autorités de la République et promet «de belles veillées pour les petits enfants de ces 2000 chasseurs qui firent pendant une demi-journée, une battue gigantesque». Le loup de Vignieu et la louve imaginaire sont entrés ainsi dans la mémoire locale et dans l'histoire.

3) Une garantie contre l'oubli : le versement d'assurances pour la préservation du loup

Le loup entre dans l'histoire des groupes humains, il alimente un sentiment collectif symbolique auquel chacun peut adhérer. Le loup est donc de manière privilégiée un élément et un enjeu de la mémoire des hommes, de la cohésion des groupes et des sociétés intramontagnardes, créant autour de lui des techniques de chasse particulières, une culture propre aux groupes confrontés au prédateur. Par la peur ressentie, les hommes expriment face aux loups leur solidarité et se rapprochent pour défendre leurs intérêts communs et préserver leur patrimoine. Le loup de Vignieu rappelle en fait la culture passée des « Brûleurs de loups ».

Les autorités ont conscience de l'importance du retour du loup naturalisé, les communes souscrivent un contrat d'assurance pour garantir la préservation de l'animal avec versement d'indemnités en cas de dégradations commises sur la dépouille. Le loup du Bas-Dauphiné même mort donne lieu à versement d'indemnités pour garantir sa conservation dans le temps et ce dans un souci de transmission. En ce sens, il est un véritable enjeu de mémoire et fait partie intégrante du patrimoine local. Le loup de Vignieu entre à double titre dans l'histoire : d'une part la première chasse aérienne de l'histoire de France fut organisée pour traquer sa louve et d'autre part des contrats d'assurance sont souscrits en son nom dans un souci de préservation et de conservation uniques dans l'histoire des relations entre les loups et les hommes, mais là ne s'arrête pas l'originalité de l'affaire…

Ainsi, bien avant la Conférence de Washington de 1991, qui a fait du loup un animal à protéger en tant qu'élément du patrimoine faunistique mondial, les Dauphinois rendent hommage à la mémoire du loup en se donnant les moyens de préserver sa dépouille à la manière d'une relique sacrée. Le loup est donc malgré la haine des hommes un héritage culturel à transmettre par delà les générations, et ce au pays des «Brûleurs de loups».

C) Le loup : un facteur d'identité

1) Le loup : une vertu pédagogique et une relique du passé

Le loup de Vignieu revient au pays des « Brûleurs de loups» trois mois jour pour jour après sa mort, le 12 avril 1954, pour être officiellement présenté à la population locale. Le loup, naturalisé par les bons soins du *Progrès* de Lyon et expertisé dans le Rhône, revient dans le patrimoine local. L'intervention du Docteur Couturier auprès du Préfet aura servi les intérêts des villageois, le loup restera bien la propriété collective des communes du Nord-Isère. Aussi, son retour apparaît comme une fête, un moment privilégié, un moyen de se retrouver ensemble autour du souvenir de cet animal chassé lors d'une traque déjà devenue mémorable. La dépouille cristallise le souvenir le temps d'un instant, autour d'un loup abattu, les hommes se retrouvent et se pressent pour admirer et voir le loup. Ainsi, les «Turripinois (de la Tour-du-Pin), feront connaissance avec le loup du Bas-Dauphiné» titre le *Dauphiné Libéré* du 11 avril 1954.

Pour l'occasion, le *Dauphiné Libéré* fait éditer un cadeau souvenir pour le retour du loup le 13 avril, «les enfants s'en payèrent à cœur joie, en présentant au public qui se pressait nombreux les opuscules offerts aux chasseurs par le *Dauphiné Libéré*».

«Le fauve est désormais la propriété de Vignieu durant un mois», le pèlerinage peut alors commencer auprès de ce vestige de l'ordre des canidés, le loup est montré, touché et il faut payer pour le voir. L'argent ainsi récolté permet de dédommager les chasseurs. La date du 12 janvier devient une date anniversaire digne d'être célébrée par l'ensemble de la communauté villageoise.

Le loup poursuit ainsi son bonhomme de chemin, se déplaçant de commune en commune, devenant un objet de patrimoine de la mémoire collective. L'appropriation du loup se réalise selon un calendrier bien établi en respectant un ordre prédéfini : «après Vignieu, il gagnera par le même temps Sermérieu et Vasselin avant de rester définitivement à l'hôtel de ville de Morestel qui en aura la garde». Nous avons vraiment l'impression que le loup est un objet précieux, méritant toutes les attentions et tous les efforts de conservation pour que rien ne lui arrive.

De ce fait se met en place un véritable culte du souvenir autour du loup ; ainsi la disparition de l'animal a produit de manière surprenante le désir de conservation de ce qui fut le plus honni et le plus détesté. On comprend mieux aujourd'hui la passion que suscite le retour naturel des loups dans les alpages. Le loup devient une relique du passé que l'on va chérir car il rappelle ce que furent les Dauphinois, des « Brûleurs de loups». Il ressuscite la culture passée et des modes de chasse particuliers qui faisaient l'identité des populations du Bas-Dauphiné.

Le loup est accueilli en grande pompe et célébré par M. Rigollier maire de Vignieu, M. Perrin maire de Morestel, M. Blanc maire de Vasselin, par les membres des sociétés de chasse M. Hullard, M. Charvet, M. Regnier et le maréchal des logis M. Brunet qui avait organisé la battue. Bref, une véritable cérémonie est orchestrée pour le retour de l'animal s'inscrivant ainsi comme l'un des temps forts du calendrier local.
Le retour du loup s'inscrit dans la mémoire locale gravant l'écorce des consciences de manière durable. Le loup imprègne ainsi les mentalités des villageois, il est partie intégrante de l'histoire locale. Ce loup, baptisé tel un chrétien loup de Vignieu et loup de Sermérieu, est avant tout un loup du Dauphiné digne de souvenir.
Il représente également l'événement le plus important depuis les maquis de la seconde guerre mondiale, une occasion de partager le temps d'un instant les bribes et les vestiges d'une culture enfouie.

2) La part du loup : une dépouille, agent du folklore

Le loup fait des émules telle une star locale, partout où il passe, le monde se déplace pour admirer et contempler le dernier loup sauvage de France, abattu qui plus est en Dauphiné au pays des «Brûleurs de loups». A la demande de la Tour-du-Pin, «une délégation de chasseurs de Vignieu avec M. Renaud, premier adjoint à la Tour-du-Pin, pour envisager la présentation de l'animal à la Tour. La proposition a été très favorablement accueillie,

présentant un caractère tellement exceptionnel», nous signale le *Dauphiné* du 12 avril. «Le loup sera exposé demain, de 8 heures à 19 heures dans la grande salle de la mairie et les opuscules seront vendus et une partie du bénéfice sera versée au profit des vieux», ainsi le loup se vend au profit d'une action caritative, telle une vedette de la chanson se produisant sur scène, le loup naturalisé fait l'objet d'une volonté locale de visite. Le loup de Vignieu est déjà un élément de musée, un objet de patrimoine et un sujet de discussion.
Le retour du loup est fêté en triomphe, le vin d'honneur symbolise la communion d'esprit et de souvenir des populations quel que soit l'âge.

«Les enfants pourront satisfaire leur curiosité après leurs heures de classe», le loup est accueilli solennellement comme un prince ou un roi lors d'une Entrée. Le *Dauphiné* du 14 avril affirme : «des centaines de mamans ont conduit leurs enfants devant le loup du Bas-Dauphiné, à la Tour-du-Pin, et ceux-ci sont restés figés d'admiration, que diable le loup tient à sa popularité».
Le loup est un hôte du folklore victime de sa popularité, il est ressuscité par la mémoire locale de ces communautés montagnardes qui en font un objet et un sujet de la mémoire et de l'histoire. Ce loup passionnant s'inscrit dans la longue histoire des relations des Dauphinois avec les loups. Il entre dans la légende car il est présumé être le dernier d'une longue série de spécimens alpins et est donc digne d'un culte du souvenir.

Ce loup s'inscrit dans le temps et l'espace mental des Bas-Dauphinois, devenant un repère du calendrier ; tout le monde voulait toucher le loup, me signalent les témoins.
Des poils étaient même arrachés, enlevés comme pour marquer l'envie de garder pour certains un souvenir physique du loup, M. Mielly de Morestel m'avouait ainsi

lors d'un entretien personnel que le loup «a plus d'importance mort que vivant».
Aussi, à Trept, les gens versent la part du loup, renouant avec une tradition du passé qui permettait à tout tueur de loup de demander en contrepartie à deux lieues à la ronde une somme d'argent symbolique, une obole en nature ou en argent comme le faisaient les lieutenants de louveterie depuis Charlemagne en 813.
A Sermérieu, le loup est exposé au foyer communal. Il est également présenté sur le chevalet et sur un trottoir contre de l'argent, les enfants peuvent bénéficier d'une leçon de sciences naturelles par leur instituteur. Le loup de Sermérieu devient un élément de l'éducation des «jeunes loups», s'intégrant ainsi le temps d'un instant au programme et à la formation des enfants, renouant également avec l'enseignement et le lycée (du Mont Lycée à Athènes où Aristote enseignait en bordure de forêt, ce mont extra-polis était fréquenté par les loups ; cette anecdote renforce et justifie l'appellation de jeunes loups que j'attribue à mes élèves auxquels je rends ici hommage).

3) Le loup de Vignieu, un symbole de fierté et un élément du patrimoine

L'ensemble de la population adhère en commun à ce culte du souvenir, rendant hommage à celui qui fut tant décrié, permettant aux hommes de se revêtir d'une conscience d'appartenir à une même communauté d'intérêts. Le loup a été directement intégré à la communauté, car ce symbole du sauvage a été recueilli dans la salle de la mairie de Morestel, trônant aux côtés des administrateurs de la cité chef-lieu de canton, à charge pour celle-ci de veiller à son entretien. La dépouille est recouverte d'une « châsse », d'une vitrine en verre avec une inscription rappelant les circonstances fortuites de sa venue et de sa mort. Ainsi, une mémoire de l'événement se réalise au niveau officiel, ce qui montre l'intérêt qu'il représente pour la communauté entière. Chaque village ayant participé à la battue a le droit une fois par an et ce une semaine durant, d'avoir la dépouille chez lui. Le loup a donc désormais droit de cité, bien que mort, il survit dans le temps de la mémoire. Vignieu, Vasselin et Sermérieu possèdent aujourd'hui encore le droit de faire venir cette dépouille, véritable charge symbolique au pays des « Brûleurs de loups». Le loup est resté jusque dans les années 1970 en mairie pour se fixer à la Maison du pays de Morestel, conservatoire de l'histoire locale. Le loup est donc passé du rang de citoyen d'honneur à celui d'objet muséographique que l'on peut admirer de nos jours encore.

En cage, il rassure et de son regard nous interroge sur les relations passées entre les hommes et les loups du Dauphiné. Il s'agit de repérer les vestiges de ce passé enfoui dans les consciences et que le loup de Vignieu a réactivé. Une tradition propre à la province du Dauphiné serait ainsi née pour chasser et éloigner ce rival qu'est le loup, en le brûlant…

Cette chasse particulière montre une adaptation locale au milieu physique intramontagnard du Dauphiné et illustre une tradition patrimoniale, devenue symbole de fierté et dont il s'agit ici de recouvrer les origines. Etre «brûleur de loups» caractérise les Grenoblois, ce titre est porté tel un titre de noblesse, et est devenu synonyme d'une ville, de son club de hockey sur glace et donc de son esprit d'équipe. Le loup, animal craint et honni, est utilisé par les hommes comme l'étendard et l'emblème des valeurs du clan et offre autour d'un nom le souvenir d'une chasse traditionnelle vecteur d'identité. Dans cette quête difficile d'éléments pour remonter à la source de cette locution, il a fallu démêler avec soin l'écheveau inextricable de différentes hypothèses que l'on peut se proposer d'étudier.

4) Une mémoire altérée et spoliée

Le retour du loup ne s'est pas réalisé sous un accueil triomphal, les populations semblèrent déçues devant l'apparence de la dépouille, la gueule du loup manquant cruellement de mordant et pour cause…

Mes recherches m'ont conduit à comprendre que le Muséum d'Histoire Naturelle de Lyon avait conservé le crâne et la dentition ainsi que le squelette de l'animal en substituant l'ossature d'un vulgaire chien. Certes, si aujourd'hui les analyses génétiques ont révélé avec une quasi-certitude que le loup était l'ancêtre de tous les chiens, les Dauphinois n'étaient pas tombés dans le piège de la crédulité. En effet, dès le retour du fauve, les témoins ont remarqué la supercherie, «ce n'est pas notre loup», ce qui révèle une marque d'intégration et d'appropriation dans le patrimoine local des Dauphinois. Ceci pourrait expliquer que les primes d'assurances prévues n'aient jamais été versées et que le loup soit désormais dans un coin du Musée de Morestel à la Maison du pays sans faire partie des plaquettes de présentation et des brochures de l'office de tourisme. Le loup a été dépossédé de ses attributs de prédateur, ce qui ôtait aux populations une partie de leur fierté et de leur identité. Ce qui devait être la marque et le symbole de la tradition des «Brûleurs de loups» devenait un objet sans guère d'intérêt, il avait perdu une partie de lui-même, le loup de Vignieu a été d'une certaine manière tué deux fois et ce dans un souci évident de conservation et de préservation du patrimoine.

En outre, le docteur Couturier insiste en exprimant dans un courrier adressé aux instances préfectorales son désir de voir ce loup rester dans le patrimoine local des

Dauphinois, c'est-à-dire à Grenoble et non à Lyon. Les considérations autour de ce loup et de sa dépouille montrent à quel point l'animal investissait les consciences et les mentalités.
Enjeu du patrimoine, ce loup devient un objet de mémoire et d'appropriation culturelle des populations dauphinoises. Ce loup révèle les mentalités et les représentations des communautés montagnardes au sujet de la nature et du sauvage en particulier.

Enfin, cas unique à ma connaissance, ce loup de Vignieu dès 1954 provoque l'intervention d'un groupe de pression écologiste puisque la grande battue du 22 janvier prévue pour traquer la louve et ses louveteaux soulève l'intervention de protecteurs de la nature. Un télégramme de contestation est envoyé dans les jours qui suivirent à la préfecture pour demander la protection de ce dernier spécimen de la faune sauvage.
Ce loup est donc le précurseur d'une demande de conservation de l'espèce animale, la mort de ce qui est pensé comme le dernier loup sauvage de France donne naissance à un mouvement, certes minoritaire, de protecteurs de la faune sauvage, mais qui a le mérite d'exister et ce dès les années 1950.

Ainsi, ce loup de Vignieu est un révélateur des mentalités des Dauphinois, sa mort réactive une culture du passé, celle des « Brûleurs de loups». Symbole de fierté, de dignité, la dépouille du loup témoigne du souvenir des grandes heures du passé où, rassemblés par milliers, les hommes traquaient ensemble le prédateur objet de leur peur : le loup. Elément de leur patrimoine, cause de leur peur et sujet de rumeur, le loup est un élément omniprésent dans les mentalités des hommes du Dauphiné.

Le loup donne chair et consistance aux mentalités et aux pratiques culturelles des Dauphinois, basées sur une tradition ancienne, celle des «Brûleurs de loups».
Aussi, ce loup est intéressant à analyser car sans le vouloir, il permet de faire ressurgir tout un pan culturel et mental de l'ethno-histoire intra-alpine.

TROISIEME PARTIE

UNE TRADITION EN DAUPHINE, LES «BRULEURS DE LOUPS»

«L'ère du loup est terminée mais avant que le temps n'en estompe le souvenir dans la nuit, hâtons-nous de glaner les reliques : documents, dépouilles et surtout souvenirs oralement transmis par la Tradition. Ces derniers sont parfois imprécis et nous n'y pouvons rien, ce n'est pas une raison pour les négliger, ils ont le mérite d'exister, sauvons-les» M. HACHET.

A) Les origines de la locution «Brûleurs de loups»

1) Des hypothèses nombreuses

L'origine de cette locution apparaît comme une énigme intellectuelle intéressante, de multiples hypothèses ont germé pour tenter d'élucider cette part d'ombre. Le cadre géographique de cette expression se limiterait à l'espace du Dauphiné, c'est-à-dire un espace comprenant les départements de l'Isère, des Hautes-Alpes et de la Drôme et une partie de l'Ain (pays de Gex).

a) L'origine historique

Dès les années trente, la presse du Dauphiné et de Grenoble en particulier se fait l'écho de ce mystère en lançant dans les journaux des appels à témoins qui pourraient proposer des solutions. Aussi, dès 1935, dans la *Dépêche du Dauphiné* entre le 19 et le 24 novembre, une enquête est lancée qui donne l'occasion à des historiens régionaux de débattre sur le sujet, tels que Molmerret et

Berret. En joutes orales, chacun y va de son hypothèse sans vraiment convaincre et emporter l'adhésion unanime. Un débat oppose les historiens locaux pour déterminer une fois pour toutes les origines de cette expression. Selon Molmerret, *L'Intermédiaire des Chercheurs et curieux* fait remonter cette épithète au dernier quart du XIX ^{e} siècle[17]. Il est évident que ses racines sont plus anciennes tant pour Molmerret que pour Berret.
Si l'expression de «Brûleurs de loups» existe bel et bien, d'où prend-elle sa source, quelle est son origine géographique, historique, sociale ? L'expression relève-t-elle d'une réalité historique, ancrée dans une tradition ou du folklore, ou encore d'une invention légendaire ?

«Brûleurs de loups ! Entendez par là les fils de ces rudes paysans portant la torche ardente et la pique allaient par les nuits d'hiver acculer les loups au fond des ravins et faisaient griller leurs troupeaux hurlant sur des bûches de sapins»[18].

Si l'on admet qu'une expression est le reflet d'un espace et d'un temps déterminé, on peut se demander si celle-ci ne porte pas en elle les racines d'une tradition montagnarde spécifique au Dauphiné, d'une identité locale. Chasser le loup aurait été une marque d'identité des communautés montagnardes autour du feu comme élément purificateur face au loup, animal diabolisé dans la pensée judéo-chrétienne.
L'action de brûler physiquement des loups aurait donné naissance à une locution identitaire des gens du Dauphiné, il s'agit de montrer en quoi la chasse au loup a constitué

---

[17]« Contribution à l'étude de l'origine de l'expression «Brûleurs de loups» in *Bulletin de la Société d'ethnologie et d'ethnographie,* 1941, p.56-57.
[18] Paul Berret, «Les Alpes Pittoresques», 15/04/1907, in *L'Almanach des Gens du Dauphiné 2000*, article de Claude Muller.

une continuité ou au contraire une rupture dans les mentalités des Dauphinois, et comment cette locution a survécu de manière surprenante et active jusqu'à nos jours. Elle témoigne de cette mémoire passée, présente et réactivée aujourd'hui par le retour naturel des loups dans les Alpes françaises depuis l'Italie en novembre 1992[19]. Le loup ne serait-il pas un révélateur des mentalités et d'une culture spécifique, celle des «Brûleurs de loups»? La chasse aux loups était-elle le fait de spécialistes la nuit qui, avec des lanternes, partaient en équipées battre les bois et fendre l'écho de la montagne par leurs huées ?

Devant la polysémie de la locution et son maintien dynamique dans le vocabulaire quotidien, on peut croire que le loup est à l'origine de représentations mentales fortes inscrites dans le fait montagnard. Le loup a été le support d'une culture particulière en Dauphiné, dessinant l'écorce à des pratiques spécifiques de vénerie inscrites dans l'espace et le temps, finissant par devenir une enveloppe identitaire et une mémoire vivante forte.

«Brûleurs de loups» est une expression caractérisant une tradition rémanente et des usages des populations montagnardes face au danger du loup. Face à la griffe et la dent du loup, les hommes se sont organisés progressivement autour de corps collectifs, conscients de leur existence grâce au prédateur. Les loups ont ainsi joué, dans la mémoire et les consciences collectives, le rôle de

---

[19] On estime à une centaine d'individus les loups présents sur l'ensemble du territoire français, en meutes de deux à six individus, particulièrement dans les Alpes Maritimes (massif du Mercantour), les Hautes-Alpes (Queyras), l'Isère (Vercors et massif de Belledonne), les Alpes de Haute-Provence et sans doute les contreforts savoyards (Maurienne).
Au sujet de l'acceptation du retour naturel du loup en France, près de 79% des français se disent favorables au retour de cet animal (source sondage Ministère de l'Environnement 1994).

ciment et de solidarité intravillageoise. Le loup a indéniablement été un agent d'unité des hommes dispersés en montagne par la verticalité, entre vallées et estives sur les monts, et un facteur de cohésion.
Les battues sont les temps forts de cette culture de la peur du loup si spécifique à la France, donnant lieu à des pratiques originales de gestion de l'espace et de la faune sauvage sur les massifs montagnards.

«Fautes de textes probants on en est réduit à des hypothèses quant à l'origine de l'ancienneté de cette appellation» selon M. Péllegrin, dans la *Dépêche du Dauphiné* du 19 novembre 1935. Partons à la découverte de cette locution mystérieuse, en passant en revue toutes les hypothèses, à pas de loup, bien évidemment.
La question essentielle est de savoir si cette expression est un mythe, une invention du XIXe siècle, période du foisonnement folklorique, ou bien si cette locution plonge dans les racines mêmes de la culture du Dauphiné depuis au moins l'époque moderne ?
Etre «Brûleur de loups» est-ce une marque de la culture de la considération ou de la distinction au sein des communautés du Dauphiné ?

b) Les loups omniprésents dans la toponymie du Dauphiné, ses armoiries, noms de famille et locutions verbales.

Les lieux du loup dessinent en Dauphiné une empreinte mentale forte, modelant le squelette d'une mémoire vive de représentations et le souvenir géographique de la présence attestée des meutes de canidés. Il s'agit donc de reconstituer le fil de cette histoire du passé, de renouer les liens de cette mémoire enfouie sous la chape du silence et de l'oubli.

Peut-on à partir de cette mémoire éclatée parvenir à restituer une mémoire commune, reflétant l'identité et le comportement des Isérois ?
Essayons d'en retracer les racines pas à pas : en quoi le loup est-il constitutif d'une identité et d'une mémoire auprès des populations du Dauphiné ?

Voici quelques toponymes du loup glanés en terre du Dauphiné (liste non exhaustive) :

- Château de Loives près de Roybon (Isère)
- Château du Louvier à Primarette
- Montlouvier, lieu-dit disparu de Beaurepaire, attestée au XVII [e] siècle, La Balme et Dizimieu.
- La Louvière, bois de Lentiol (Isère)
- Le champ du loup, Saint-Siméon de Bressieux (Isère)
- Le chemin du loup, Saint-Barthélémy de Beaurepaire et à Revel-Tourdon (Isère)
- L'étang du loup, Châtonnay (Isère), à Four
- Gratteloup à Lentiol, sur le chemin de Vif et d'Uriol
- Le fort du loup, Moissieu (Isère)
- Gampaloup près de Roussion (Isère)
- Les grandes louvatières à Marcollin (Isère)
- Couvaloup à Soleymieu (Isère)
- Montaloup à Vasselin (Isère)
- Louverie à Dolomieu
- Cros aux loups à Chavanoz
- Pas du loup, entre les villages de Saint-Guillaume et de Saint-Andéol

- Combe-Loup sur la commune du Gua, bois du Fayet à Saint-Georges d'Espéranche
- La brèche du loup, au-dessus de Saint-Nizier de Moucherotte
- La grange aux loups dans l'ancienne forêt de Chanoz à Dièmoz
- Le loup, forêt de Chesnes à Saint-Quentin, Artas, Diemoz, Saint-Didier de la Tour.
- Le pont du loup
- Chantelouve près du col d'Ornon
- La Louvaresse à la Balme
- La Louverie à Dolomieu
- Louvaroux, Jarrie
- Le Louvasset, Saint-Cassien
- La Louvatière, Chirens
- Le Trou du loup, Perthuis du loup à Beaufort-sur- Gerranne
- La dent du loup au-dessus de Sassenage dans le massif du Vercors
- Les pics du loup en Oisans
- La grotte aux loups sur la route de Guillestre à Ceillac.
- Chantelouve, loube, loupe, Omblèze, Chorges, Vallouise,Saint-Crépin dans les Hautes-Alpes
- Lovier à Aspres le Corps dans les Hautes-Alpes
- La station de ski la Joue du Loup dans les Hautes-Alpes

Des familles du Dauphiné se sont également parées d'armoiries liées aux loups, notamment Antoine de

Louvier de Redel-Tourdon, évêque de Maguelonne en 1389, mort en 1405, dont l'armoirie arbore deux loups.
Athaud Louvat (ou Lovat, ou Lovati), seigneur de Bocsozel, gouverneur de la Côte Saint-André en 1291, atteste de l'ancrage médiéval au loup de certaines familles nobiliaires du Dauphiné comme en Bretagne, en Alsace ou en Navarre à la même époque, selon Michel Pastoureau.
Enfin, Pierre Lobet (ou Loubet), 4ème abbé de Saint-Antoine en 1343 porte également un blason doté de trois loups d'azur.
La famille Poncet de Gap arbore trois têtes de loups sur son blason, ainsi qu'Agoult du Monestier, et Isoard de Vauvenargues (trois loups), tout comme Loyes, bailli du Grésivaudan, châtelain delphinal de Grenoble en 1338[20].
Le loup est donc au moins depuis le Moyen Âge un symbole identitaire fort pour certains hommes, et des lieux liés à la présence du loup ont figé des noms dus au passage et à l'observation de ces canidés en Dauphiné.

De nombreux noms de famille se rapportent aux loups tels Louvier, Louvat, Loubet, Louvet....Se revêtir du nom du loup ou l'exposer sur un blason, c'est exorciser la peur du loup et la rejeter sur les autres ; ainsi, par la peur que le nom du loup évoque aux autres, il vous protège.

Des expressions soulignent l'importance du loup dans les mentalités montagnardes du Dauphiné comme celle qui signale que «les loups n'ont jamais mangé l'hiver», mettant en garde contre un hiver peu rigoureux et que l'on croit fini, mais qui réserve en fait quelques journées plus rudes.
«Arriver comme un loup», signifie entrer dans un lieu sans que l'on soit attendu, ni invité.

---

[20] Rivoire de la Batie, *Armorial de Dauphiné*, Lyon, 1867.

Cela signifie également un individu mal léché en proie à une excitation de mauvais augure.

c) L'usage du feu pour chasser les loups

La tradition d'user du feu pour éloigner les loups remonte loin dans la mémoire des événements. On ne trouve pas de trace de ces pratiques dans les archives, ce silence est lié au fait que c'était une pratique banale, courante, inutile donc d'être consignée par écrit, comme d'ailleurs il était inutile de signaler que les loups n'attaquaient pas l'homme au quotidien. Les archives portent en elles une mémoire écrite, figée, mais qu'il faut apprendre à critiquer pour se distancier et réinterroger les évidences des témoignages sous peine de rester prisonnier intellectuellement.

Un film célèbre, *la Guerre du feu*, de Jean-Jacques Annaud, commence par l'homme des cavernes maîtrisant le feu et jetant une torche enflammée aux loups qui s'approchaient de trop près, et qui n'étaient pas encore entrés dans un processus de domestication.
Aussi, feu et loup sont liés dès la découverte de cet élément par les hommes. La publicité pour Humex contre les rhumes montre, avec beaucoup d'humour, le rôle du feu pour maintenir en respect *canis lupus.*
En effet, dès l'Antiquité, Grecs et Romains utilisaient cet élément pour maintenir à distance les meutes de loups des troupeaux : l'auteur romain Apulée signale cet usage parmi les bergers.
Au Moyen Âge, Gaston Phoebus dans son célèbre *Livre de la Chasse*, évoque le courre du loup en utilisant la technique de petits feux entretenus lors des battues de manière à effaroucher les loups et les faire sortir des bois où ils se réfugiaient en Béarn. Ils étaient alors acculés vers les rets, panneaux et autres filets sous les huées et les cris des rabatteurs. Certains loups ont très bien pu être rôtis et

flambés ; en effet, dans la pensée judéo-chrétienne, le loup est le suppôt de Satan, seul le feu, élément lié au diable, peut permettre de purifier et laver les communautés de tout sentiment de culpabilité. L'usage était également de pendre les loups à des arbres ou à des carrefours stratégiques, bien visibles. D'autres voyaient leurs peaux promenées en échange d'une obole ramassée auprès des communautés villageoises lors de la quête du loup.

Enfin, certains étaient dépecés, écorchés, la tête ou les pattes clouées sur les portes des fermes et des granges, le reste du corps jeté dans une fosse ou donné en pâture aux charognards.

Des chasseurs étaient spécialisés et rémunérés aux frais de la communauté pour écorcher les loups.

Des torches enflammées étaient utilisées ainsi que des lanternes à loups pour se protéger la nuit de la peur du loup, une peur entretenue par le folklore, la légende et les contes, que chacun portait en soi dans son imaginaire et son inconscient.

Les Dauphinois allumaient donc des feux les soirs d'hiver, lors des très grands froids, de manière à servir de repère aux hommes retardés et surpris par la nuit, mais aussi pour garder à distance les loups. A Monestier-de-Clermont, un loup est éloigné par une lanterne à la fin du XIXe siècle[21]. Le feu est donc l'allié naturel des hommes depuis la nuit des temps contre les bêtes sauvages et un élément purificateur lors des procès d'animaux au Moyen Âge[22]. Vers 1864, les habitants d'Oulles en Oisans se munissaient d'un feu rouge pour circuler la nuit selon la tradition orale[23].

---

[21] Henry Terras, in *La vicomté de Trièves en vallée Chevalereuse.*

[22] Jean Vartier, *Les procès d'animaux au Moyen-Age*, Paris, 1974.

[23] *Id.,* note1.

En 1857, dans le 7ème régiment de chasseurs à cheval, en garnison à Blidah, un cavalier fut qualifié de «Brûleur de loups» par le colonel quand celui-ci connût le département natal du militaire. Ainsi, venir du Dauphiné est un symbole identitaire fort, c'est être un Brûleur de loups même en Algérie[24].
«Brûleurs de loups» signifie également que les Dauphinois seraient des gens simples et naïfs. Ils croyaient en effet se débarrasser des loups en mettant le feu aux forêts, «Au régiment, j'entendais souvent ajouter à l'épithète de Brûleurs de loups celle de botteleurs de sable»[25] .

En Trièves, le feu attire les loups dans un village : une meute affamée, affolée sans doute par tout ce remue-ménage et l'odeur du feu, avait encerclé la troupe d'hommes. Plusieurs torches portées par les hommes du hameau, revenus sur leurs pas, mirent la meute en fuite. La légende raconte que les «brûleurs de loups» avaient fait brûler la forêt de Coulmes. «Ceux que l'on appelait là-haut les brûleurs de loups»[26].

2) Une origine ancrée sous l'Ancien Régime

Daubenton, ainsi que l'abbé Carlier dans son *Traité des bêtes à laine ou méthode d'élever et gouverner les troupeaux aux champs,* évoquent, au XVIIIe siècle, les techniques ancestrales du feu pour maintenir les loups à distance, en lisière de forêt. Les loups, qui craignent naturellement l'homme, s'enhardissent la nuit et peuvent parfois opérer des avancées et des incursions auprès des villages, surtout en temps de disette, semant alors la peur et l'effroi auprès des communautés isolées par les grands

---

[24] *La Dépêche Dauphinoise*, 19 novembre 1935.
[25] *L'Intermédiaire des chercheurs et curieux*, vol XVI, 10 juillet 1883.
[26] Lydia Chabert-Dalix, *Entre diables et fées, Contes et récits légendaires en Vercors*, 1998, p.118.

froids et les hauteurs de neige. Mais, ces loups n'en oublient pas leur peur instinctive de l'homme. Ainsi, pour l'abbé Carlier, si des accidents liés à des loups enragés ont existé, «les attaques du loup sont plus rares que les accidents provenans de la peur qu'on en a».
Témoignage éloquent de la menace, plus imaginaire et fantasmée que réelle, que représentait le loup pour les Dauphinois. L'abbé propose des solutions multiples pour effaroucher les loups, allant des jets de pierres simplement lancées par des enfants, aux sabots cloutés qui, frottés l'un contre l'autre, provoquaient des étincelles. La peur du loup était un justificatif évident aux braconniers pour s'armer, comme le signale Christian Desplat dans les Pyrénées à l'époque moderne. Le loup est un exutoire à la violence des hommes, il est un bouc-émissaire nécessaire à la décharge des passions et des émotions cumulées en des périodes de risques et de pénurie.
Selon l'auteur Paul Berret, «Brûleurs de loups signifierait, niais, bêta, et se serait appliqué d'abord aux Grenoblois, qui par un hiver rigoureux, redoutant l'entrée des loups par les portes de la ville, auraient mis le feu aux bois environnants pour brûler ces dits loups. Naturellement les loups auraient fui l'incendie et seraient revenus. Il n'y a de vrai dans l'histoire que les feux allumés pour tenir à distance les loups qui redoutent la lumière et la flamme comme tous les fauves»[27].

Le loup, par ses chasses «enflammées», permettait à ces pays de montagne de s'identifier autour de pratiques communautaires ; le danger réel que peut causer le loup auprès de troupeaux non ou mal gardés, crée une culture de la solidarité entre les hommes dans le pays Dauphinois. L'intégration mentale du risque cimente les hommes des montagnes du Dauphiné contre le loup. Ce dernier

---

[27] *La Dépêche Dauphinoise*, 24 novembre 1935.

alimente un sentiment collectif symbolique autour d'une culture et d'une pratique cynégétique liée au feu. Ainsi, la lumière tient à distance les loups des troupeaux : «La lueur vacillante au travers d'une tôle perforée les tient éloignés des troupeaux durant la nuit»[28].

L'expression «Brûleurs de loups» serait devenue célèbre à la suite du témoignage de l'évêque Le Camus qui, lors de l'une de ses visites paroissiales, aurait assisté, sur la commune de Saint-Christophe en Oisans, en 1678, à une battue aux loups où des petits feux étaient entretenus pour traquer l'animal le long des précipices, «Ceux qui passent l'hiver dans ce pays demeurent continuellement dans les étables avec les bêtes, n'ayant point de bois pour se chauffer. La tradition du pays porte qu'on y mit le feu partout à cause du grand nombre de loups qui mangeaient tout le bétail»[29].

La tradition est de croire que l'absence de bois et bosquets était attribuée à la présence des loups ; cette technique permettait surtout d'étendre les surfaces des terres cultivées au détriment de la forêt. Ainsi, la peur du loup a été instrumentalisée à des fins de subsistance, comme les braconniers justifiaient le port d'arme par la menace que représentait le loup pour les Dauphinois. On voit bien à quel point la peur du loup est utilitaire et nourrit les hommes et leur imaginaire au sens propre comme au sens figuré. A noter que la commune de Saint-Christophe est la plus vaste du Dauphiné et représente encore aujourd'hui la troisième commune de France par sa superficie.

---

[28] Isabelle Vidal, *Le loup en Dauphiné du XVe au XVIIIe siècle*, mémoire de maîtrise, Grenoble, 1996. Le mémoire n'a pu être consulté par volonté de l'auteur. Seul l'article de synthèse de la revue *Evocations* de 1999/2000 a pu être consulté à mon grand regret, p.90.

[29] Archives départementales de l'Isère 4G 273, p.561, 3è visite pastorale de l'évêque Le Camus, 1677-1678, à Saint-Christophe en Oisans.

Dans le fond de vallée, les loups étaient acculés par les rabatteurs, obligés de se jeter dans le vide, le feu était mis aux broussailles. Le Vercors ne connaît pas de tradition liée aux «brûleurs de loups» d'usage du feu pour chasser l'animal, si ce n'est des fosses à loups où les loups pris au piège étaient brûlés.

«Ainsi, nos ancêtres avaient inventé un piège, qui leur a valu le célèbre surnom de brûleurs de loups. Ils creusaient une vaste fosse, munie d'un pieu pointu au milieu et la recouvraient de légers branchages. On y fixait une appétissante charogne, dont l'odeur appâtait le loup à la nuit. Il tombait dans la fosse et s'empalait sur le pieu, ne pouvant plus bouger. Au matin, les voisins venaient voir la prise, et, n'osant y toucher, la brûlait en jetant des bois enflammés, qui devaient d'ailleurs l'asphyxier»[30].

L'expression «Brûleurs de loups» déborde donc de son cadre géographique initial du Haut-Dauphiné, la locution progresse et finit par devenir un élément identitaire du Vercors et du Bas-Dauphiné selon une orientation sud-nord. Par sauts successifs, brûler les loups devient un attribut des Dauphinois.

A Chavanoz, le lieu dénommé Le Cros (le creux) aux Loups serait lié à la destruction des loups que l'on acculait à cet endroit. Rien ne dit pourtant que le feu y était utilisé pour détruire et brûler les loups. Mais d'après les vieillards qui vivaient à Four, vers 1895, les habitants des hameaux situés près du ruisseau ou de l'étang du loup, pour cheminer la nuit, s'éclairaient d'une lanterne et tenaient en main un tison enflammé qu'ils lançaient sur les animaux

[30] Gabrielle Sentis, *La légende dorée du Dauphiné,* Le Seyssinet, 1984.

apparus[31]. A Vaulnaveys-le-Haut, une place aux loups serait le lieu où les fauves étaient acculés.

A Aiguilles en Queyras, plus à l'est, la mémoire orale recueillie par Paul Berret dans la *Dépêche Dauphinoise* du 24 novembre 1935, signale vers 1880 un filet métallique qui obstruait l'issue d'une gorge où les habitants rabattaient les loups pour les griller en jetant dans la gorge des branches enflammées. Pour lui, auteur de la romance des «Brûleurs de loups» et historien qui a popularisé l'expression dans la première moitié du XXe siècle, il n'y a aucun doute, les Dauphinois «s'ils sont appelés Brûleurs de loups, c'est qu'ils emploient le feu pour la destruction de ces carnassiers».
A Grenay, les habitants chassaient les loups, on leur attribuait l'habitude de faire sauter à la poêle les boyaux graisseux des loups qu'ils tuaient, d'où le surnom de Gratons de loups qu'on leur donne dans les villages voisins[32]. Ainsi, le loup est un élément de désignation des communautés, il donne son nom aux villages et qualifie parfois des traditions cynégétiques.

A moins que cette tradition ne soit liée à l'usage d'allumer des flambeaux pendant la nuit, à partir du premier dimanche de Carême, durant 11 jours. Ce dimanche était appelé dimanche des Brandons. Ces rituels visaient à se purifier et à apaiser les mânes des parents et des amis. Les habitants des villes y participaient, on élevait des phares sur les tours principales, dans les rues on portait des brandons et des tisons embrasés. Brand signifie feu, torche

---

[31] *Id*, note 1.
[32] Charles Talon, *Histoire de la vie rurale en Bas-Dauphiné*, Lyon, 1981.

allumée et le mot peut être relié au terme allemand brennen, le verbe brûler, ou burn en anglais[33].
S'il n'y a pas de lien direct avec les loups, ce rite illustre l'intégration du feu dans les pratiques et les rituels communautaires à des périodes spécifiques du calendrier. Y aurait-il un lien avec les disques solaires allumés la nuit pour célébrer le retour du printemps en Alsace, pratique toujours d'actualité dans certains villages (Schiweschlawer, lancers de disques de bois la nuit) ?
«Amusante l'assertion qui fait de Brûleurs de loups le synonyme d'infatigable vert-galant, que les Dauphinois soient de solides amoureux, ne le contestons pas, mais pourquoi brûleurs de loups ? On connaît l'excuse de la bergère en retard, c'est que j'ai eu peur, j'ai vu le loup»[34].

La romance des «Brûleurs de loups» [35]

«Brandissant dans la nuit leurs torches de mélèze
Des glaces de l'Oisans jusqu'aux forêts de l'Omblèze,
Du Champsaur au Queyras, de Lente à Riabloux
Nos aïeux poursuivaient le noir troupeau des loups
Au fond de quelque gorge, ils acculaient la horde
Des hurleurs aux crocs blancs ; puis, sans peur qu'elle morde,
Faisant rouler sur eux les sapins du rocher,
Ils allumaient dans l'ombre un étrange bûcher
Et pensifs sous le ciel rougi par l'incendie,
Les enfants écoutaient monter, l'âme agrandie,
Le crépitement clair des damnés au poil roux.
Les Dauphinois sont fils de ces Brûleurs de loups».

---

[33] A Pilot de Thorez, *Usages, fêtes et coutumes en Dauphiné*, Marseille, 1977.
[34] *La Dépêche Dauphinoise*, 24 novembre 1935.
[35] Paul Berret, *Au pays des Brûleurs de loups, contes et légendes du Dauphiné*, Paris, 1924.

M. Pellegrin, retraité, livre dans le même journal, le 19 novembre, la tradition à Saint-Michel de Chaillol des gens qui attendaient les loups au bord d'un chemin encaissé et allumaient des gerbes de paille de seigle à l'approche des animaux.
Plus récemment, la littérature reprend l'usage du feu pour chasser les loups ; ainsi Rudyard Kipling, auteur du célèbre *Livre de la Jungle,* parle de la «fleur rouge» pour éloigner les loups c'est-à-dire le feu. Jean Giono, dans *Un roi sans divertissement*, parle de l'usage du feu et de lanternes pour une battue aux loups en Dauphiné. Jusqu'à la fin du XIXe siècle, cette tradition d'allumer des feux pour se garer (garder, d'où le terme de loup-garou, se garer des loups) des loups a subsisté dans les communautés rurales, tant en Bretagne comme le signale Davies, que dans le Jura et la Haute-Saône selon les usages recueillis par le père Demard.
Une anecdote personnelle racontée par des amis en Bourgogne, me signalait que l'usage d'allumer des allumettes pour éloigner les loups au XIXe siècle était connu de leurs grands-parents.

3) Les sens multiples de cette pratique incendiaire : tentative d'analyse d'une pratique ancrée dans les mœurs

Ces grands feux étaient en premier lieu un moyen de tenir à distance les loups loin des villages, des hommes et des bêtes à laine. Il est à parier que la pratique du feu était également employée pour défricher et conquérir de nouvelles terres. La peur du loup était un prétexte pour s'armer et pour exploiter de nouvelles terres emblavées là où cela était possible sur les forêts.
Ainsi, l'action de brûler les loups était souvent reliée à la pratique des charbonniers qui allumaient de grands feux

pour obtenir le combustible. Ils éloignaient également les loups qui, dérangés, se déplaçaient ailleurs. Certains charbonniers et forestiers connaissaient d'ailleurs très bien les lieux et au printemps repéraient les tanières pour enlever les louveteaux et toucher les primes.

En Grésivaudan, les charbonniers de Bramefarine «arrivaient à conjuguer la fabrication de charbon de bois avec le piégeage des loups»[36].
L'économie du loup, primes et peaux vendues, apportaient de substantiels revenus à des populations marquées par la pauvreté et la fragilité face aux rudesses du climat et de la vie montagnarde.
«Si les Dauphinois sont appelés Brûleurs de loups, c'est bien qu'en réalité ils brûlaient les loups. On utilisait des torches la nuit, on acculait les loups au fond d'une gorge. A l'issue de cette gorge, on tendait un filet derrière lequel les chasseurs se tenaient avec des torches et des fourches. Du haut des parois de la gorge, d'autres chasseurs lançaient des torches enflammées sur les fauves et des fagots de sapin. Ils allumaient ainsi un bûcher, où ils rôtissaient sans pitié les animaux emprisonnés»[37].

Les habitants du plateau de Crémieu, entre Grenoble et Lyon, ce que nous appelons de nos jours le Nord-Isère, en Bas-Dauphiné, dans le secteur de Soleymieu, Trept, Charrette, Poncieu, creusaient des pièges, de grandes fosses recouvertes de branchages dans lesquelles les loups étaient censés tomber. Prisonniers, on les brûlait vifs comme la tradition le signale également dans le Vercors.
Près de Soleymieu toujours, existe un hameau appelé Couvaloup, dont le sens étymologique renvoie à des

---

[36] Lucien Tissot, *Belles histoires du Grésivaudan*, Saint-Génix sur Guiers, 1979.
[37] *La Dépêche du Dauphiné*, 24 novembre 1935.

couves à loups, là où on brûle des loups. Les loups étaient orientés vers des endroits précis, les couves, où des incendiaires attendaient les loups encerclés, ils allumaient ensuite des brasiers aux quatre coins de petits bois propices. Des feux étaient ainsi entretenus sur le plateau par un «Brûleur de loups» responsable de son entretien. Cette technique devait être maîtrisée dans le cadre d'une gestion rationnelle de l'espace.
L'usage était donc d'allumer des feux pour faire fuir les loups, en association avec de vastes battues «Mais qui le premier a utilisé cette expression brûleurs de loups ? Personne ne le sait. En tout cas, c'était la bonne puisque l'appellation est venue jusqu'à nous et fait toujours son petit effet»[38].

Cela permettait également aux terres d'être amendées par l'écobuage, ou le brûlement, terme utilisé en Dauphiné, ce qui faisait dire aux Lyonnais que les Dauphinois étaient des «brûleurs de loups» car ils allumaient de grands feux, le soir à la tombée de la nuit, quand ils partaient plusieurs jours chasser l'animal. Aussi, ce sont depuis les Monts du Lyonnais que la pratique de ces feux a pu donner aux Dauphinois le qualificatif de «Brûleurs de loups». Cette pratique de la terre brûlée permettait, en fixant l'azote, d'enrichir des terres relativement pauvres pour nourrir une civilisation d'Ancien Régime panivore.

Autre hypothèse à envisager, celle d'une gestion de la forêt et des paysages par les communautés agro-pastorales du Dauphiné. On peut se demander, à juste titre, si le paysage des estives n'est pas également lié à une volonté de défrichement, d'ouverture de fronts pionniers forestiers, refuges des loups. Dans cette dynamique de conquête des

---

[38] Bernard Prêtre, *le retour des loups en France*, Saint-Gingolph, 1999.

espaces montagnards dévolus à des fonctions différentes et complémentaires dans une économie de survie, deux cultures s'opposent, la culture sédentaire ou semi-nomade des gens de montagne du Dauphiné et la culture de déplacement et de mouvement des loups, qui fixés sur un territoire de chasse, vont se déplacer au gré des transformations du paysage et des déplacements des proies potentielles.

Les paysages des estives seraient donc le témoin des aménagements liés aux défrichements des forêts, marquant un processus de conquête des espaces et d'installation des hommes sur des lieux alors fréquentés par les loups. Ces espaces d'interface entre nature et culture, entre forêts et estives, entre hommes, bêtes à laine, chiens et loups, ont donné lieu à des échanges, à des pratiques, à une géographie d'un espace vécu. La dynamique des hommes sur ces territoires serait liée au feu, à l'initiative des moines défricheurs qui, au Moyen Âge du Xe au XIIIe siècle, conquirent ces nouveaux espaces. L'exemple des Chartreux de Saint-Bruno en 1084 offre dans le massif de la Chartreuse, au nord de Grenoble, un merveilleux cas d'installation des hommes dans un vallon isolé, territoire des loups, des lynx et des ours. A ce titre, en Ecosse et en Irlande[39], on expliquerait la disparition des forêts sur l'île d'Eirin par le fait que dès le Moyen Âge, les impôts étaient payés en têtes de loups.
Les forêts étaient brûlées, les loups disparurent donc rapidement de la surface de l'île, et dès le XVIIe siècle, il n'y eut plus de loups. Le paysage des landes et des prairies au vert irlandais seraient donc un héritage direct de la

---

[39] C'est en Irlande, dans la ville portuaire de Galway, que je trouvais, aussi surprenant soit-il, dans une librairie d'ouvrages rares et anciens, un exemplaire en français de l'ouvrage de Paul Berret... *Au pays des Brûleurs de loups* dont la romance est extraite. Petit miracle de la vie qui m'aura confirmé dans le désir et l'envie de traiter ce sujet.

chasse au loup par le feu, depuis les incitations d'Edgar le Pacifique, roi des Anglo-Saxons de 959 à 975.
Pour l'anecdote, un mémoire a été déposé en France sous Louis XIV (dont le prénom vient de loup tout comme le Louvre d'ailleurs...) pour envahir l'Angleterre, on prévoyait de transporter les loups français par bateaux et d'envahir ainsi Albion, débarrassant du même coup la France de ces animaux jugés nuisibles.
Pour en revenir à la France et à ses massifs forestiers, le paysage des chaumes des Vosges ne résulterait-il pas de défrichements par le feu et par écobuage , chassant par là-même la faune sauvage, loups, lynx et ours qui motivaient les veneurs et louvetiers de Charlemagne au IXe siècle dans la région de Gérardmer ?

Il y a là un champ de recherche intéressant à défricher, à savoir, d'étudier les liens entre paysages et sociétés par l'étude des dynamiques spatiales des animaux. En quoi ceux-ci sont responsables des transformations des paysages montagnards ?

A moins encore que cette pratique ne soit liée à des bûchers allumés contre les protestants, assimilés en Dauphiné tout comme dans le reste de la France à des loups, qu'il fallait brûler, c'est-à-dire expurger du territoire.
Un arrêt du Parlement de Grenoble en 1603, (selon M.Blet, archiviste à Grenoble), que l'on n'a jamais retrouvé, signalerait l'usage de brûler les loups-garous, des lycanthropes. Si ceux qui étaient condamnés pour sorcellerie et pacte avec le diable étaient consumés sur les bûchers, il me paraît difficile de croire que l'expression «Brûleurs de loups» puisse provenir des guerres de religion ou de la chasse aux lycanthropes. Il est fort possible que d'une tradition de chasse utilisant le feu pour réduire en cendres les vrais loups, le terme ait pu être

réemployé pour désigner les loups protestants sur les bûchers, tout comme il a pu désigner par extension la chasse aux loups-garous du Dauphiné. Ils étaient brûlés devant la place du Parlement de Grenoble, face à un public nombreux, venu assister au spectacle de la violence canalisée par la «civilisation des mœurs».

Une dernière hypothèse à envisager, selon J. Desprès[40] expliquerait que «ce n'était pas l'animal que l'on brûlait, mais une plante nuisible : le chien-dent, appelé grème ou loup en Dauphiné». Ainsi, le végétal est assimilé au nuisible. En effet, dans le lit du Drac, on brûlait, comme dans une charbonnière privée d'air, des fagots de bois et de la paille. Cela s'appelait faire des fours, dans une pratique d'écobuage.

On peut aisément lire là la marque d'extension de la locution, qui dépasse son sens originel, pour se transformer et s'enrichir, et se doter ainsi d'une polysémie difficile à saisir au premier abord, mais riche de sa diversité. Les hommes brûlaient donc un «loup végétal» qui risquait de menacer les cultures.

Tous les habitants n'avaient pas droit à cette appellation, mais seulement ceux de la partie du département de l'Isère comprise entre les Terres Froides et la limite de la banlieue lyonnaise. Autrefois, les habitants de cette région cultivaient une plante d'assolement, le lupin (loupe en patois). Quand les plantes étaient arrachées, on les faisait sécher et on les brûlait, et ainsi les Lyonnais qui voyaient ces feux de loin disaient que les Dauphinois brûlaient leurs loupes[41].

Enfin, une dernière origine des plus «loufoques» ferait remonter l'origine de cette expression au russe, loup

---

[40] In *Bulletin d'histoire des amis de la vallée de la Gresse et des environs, décembre 1993*, n°32.

[41] *Id.*, note 5.

viendrait de lob et évoquerait l'écorce de bouleau qui constituait l'habitat des serfs. Ces huttes étaient des loubs… «En Dauphiné, il y a la forêt de la Loubière»[42].

B) La chasse au loup, révélatrice de la tradition des «Brûleurs de loups» de 1754 à 1954 ?[43]

1) De l'usage du feu pour traquer et huer les loups sous l'Ancien Régime

Mort ou vif, le loup imprime les consciences et les mentalités ; en «brûlant les loups», les hommes se rassurent, montrant la supériorité de l'homme sur la nature (dans la thématique culture/nature chère aux philosophes). Ils apprennent à maîtriser leurs peurs et à les rationaliser, à canaliser leur agressivité et leur violence «leur part de sauvage».
Le loup, animal sauvage, est chassé par des hommes en proie à un «ensauvagement» lors de la battue et un «désensauvagement » final, marqué par la mort de l'animal[44].
Par ailleurs, l'action de régulation des meutes de loups s'opère dans un contexte de maîtrise des espaces sylvicoles et pastoraux, particulièrement prégnant au cours du XIXe siècle. Il s'agit de la «Fin des Terroirs», d'éliminer la part sauvage des territoires et des espaces afin de développer les bases d'une économie capitaliste.

Dès le XIVe siècle, on retrouve des traces de versement de primes pour loups tués par des louvetiers au service du

---

[42] Louis Laffont, *Le Brûleur de loups*, octobre 1946.
[43] Fond CHAPER, Bibliothèque municipale de Grenoble, fonds Dauphinois.
[44] Bertrand Hell, *Le sang noir, chasse et mythe du sauvage en Europe*, Paris, 1995.

mandement de Grenoble ; ainsi 5 sols étaient versés dans un état des recettes et des dépenses de la ville de Grenoble pour une louve et 10 sols en 1341 pour la mort d'un loup gris apporté à Grenoble. Dès 1408, à Grenoble, on donne 10 sols pour une louve prise place des Frères Mineurs.

Le louvetier percevait deux deniers par feu à deux lieues à la ronde, soit environ 8 kilomètres.

La chasse aux loups s'effectuaient en utilisant des filets, l'usage est connu dans *La chasse du loup* de Jean de Clamorgan dès 1574, lui-même s'inspirant de Gaston Phoebus au XIVe siècle. Les planches de l'*Encyclopédie* de Diderot et d'Alembert nous montrent ces techniques de rabatteurs huant les loups qui venaient s'échouer inexorablement dans les rets et les filets, soigneusement entretenus par les communautés de l'Oisans. Ceux-ci étaient gardés dans l'église et soumis à l'entretien par des hommes qui touchaient un salaire pour ce service rendu à la communauté[45]. Ces filets étaient également cuits après chaque traque pour dissiper l'odeur humaine, car les loups sont de nature méfiante et craintive à l'égard de l'homme.

Les battues, qui réquisitionnaient force gens, se déroulaient avec des chiens, à cors et à cris, et à l'aide de tambours en Oisans. Ce vacarme effrayait toute la faune alpine et devait déloger l'ensemble des espèces sauvages. Les troupeaux étaient d'ailleurs munis de cloches, de campanes, de manière à suivre les déplacements du troupeau[46]. Le bruit est donc un moyen important pour alerter les villageois face au danger lupin et signale le dérangement du bétail face au prédateur. Le tintement des sonnailles permettait de regrouper le troupeau pour

---

45 Bernard François, *Mémoire de Bourg-d'Oisans*, 1997, tome1.

46 Gaston Letonnelier, «De l'usage des Campanes» in *Société Dauphinoise d'Ethnologie et d'Archéologie*, mars 1943, n°139.

regagner l'écurie. Des grelots étaient utilisés en collier autour du cou des chevaux et des bêtes au pâturage.

Les bergers et les gens de montagne dialoguaient d'amont en aval, utilisant le sifflement et l'écho des vallées pour communiquer et se prévenir de l'arrivée d'un loup, signalé par le cri «Au loup ! ». Leurs chiens étaient dotés de puissants colliers cloutés que l'on peut voir aujourd'hui encore au Musée Dauphinois. Les bergers disposaient, outre des lanternes et des tisons enflammés pour éloigner les loups, de cabanes mobiles afin de pouvoir rester au contact de leurs bêtes. Ces communautés avaient parfois plusieurs chiens, pas forcément des chiens de protection tel le Patou (de pâtre) des Pyrénées, mais de simples chiens de conduite. La plupart des vachers, bouviers ou bergers étaient de simples enfants à qui l'on confiait en journée ces travaux, preuve réelle que les attaques du loup étaient rares, surtout en journée. On connaît la portée des travaux sur l'enfance et l'amour paternel et maternel à l'égard des enfants du Moyen Âge à nos jours[47]. Il est difficile et faux de croire que les parents des «jeunes loups» Dauphinois n'aimaient pas leurs enfants pour les exposer à de tels risques. Un enfant devenu adolescent est une source de richesse économique pour la famille, pour les services et le travail qu'il va fournir à la maisonnée.

Dès 1700, la réformation de Saint-Martin d'Uriage signale des mentions d'incendies pour détruire les loups indésirables. Le terme de «Brûleurs de loups» semble désigner à l'origine le Haut-Dauphiné, dans le massif de Belledonne, et s'est progressivement étendu vers le nord, vers ce qui constitue le Bas-Dauphiné au-delà de Grenoble.

---

[47] Dominique Lett-Bidon, *Les enfants au Moyen-Age*, Paris, 1992.

Si la chasse aux loups était courante sous l'Ancien Régime, les invocations à Notre-Dame étaient nombreuses de la part des bergers pour leur sécurité ainsi que celle de leurs bêtes. Dès le XVIIe siècle, les communautés du Bourg d'Oisans s'organisaient et les consuls de la communauté décidaient des battues générales[48]. Des primes étaient versées aux chasseurs de loups.
Surtout, «une coutume ancestrale consistait à tendre les grands filets dans des passages étroits, des goulets vers lesquels étaient rabattus les loups effrayés entre autres par des roulements de tambour, instrument cité en 1605 et en 1648 sur deux billets»[49]. Cette chasse est qualifiée de chasse à la mode et semble être commune à la Suisse selon Tschudi[50]. Des filets étaient tendus et spécialement conservés, ils étaient posés dans les goulets, dans des gorges étroites, où les loups étaient rabattus et emprisonnés par les hommes. Des règlements imposaient une participation générale sous peine de sanctions, prenant la forme d'amendes (20 sols la plupart du temps). Le succès dépendait de l'adhésion des habitants à ce mode de chasse contraignant ; la veille, certains faisaient déjà le guet pour tenter de dénicher les canidés. Ceux qui portent les filets sont rémunérés selon les comptes consulaires du Bourg comme en 1616 (4 sols par chasse). Cette chasse révèle bien dès lors son caractère de salut public. Les filets étaient blanchis, gardés à l'année par contrat à prix fait. Rien n'indique dans ces documents que les loups étaient brûlés physiquement, mais les loups recueillis vivants voyaient leurs peaux exhibées, la patte droite coupée et conservée par l'huissier appelé à constater officiellement la prise[51]. Certains des habitants étaient payés pour

---

[48] Bernard François, *Mémoire de Bourg-d'Oisans*, 1997, tome 1.
[49] Archives départementales de l'Isère, 4E22 B17.
[50] Frédéric Tschudi, *Le monde des Alpes*, Paris, 1857.
[51] *Id.*, note 34.

écorcher les loups traditionnellement, la dépouille était ensuite exposée à la cime de la rue du Bourg d'Oisans.

Froment signale dès le XVIIe siècle dans ses *Essais*[52], en 1639, la technique des habitants de la Vallouise, réputés pour chasser les loups dans des filets «cet animal qui auparavant avait les personnes comme sacrées, ne descendait des bois que l'hiver, ne courait qu'au bestail».
Ce témoignage, certes plus ancien que l'étude particulière de ce mémoire, est intéressant, car il illustre la rareté des incursions des loups parmi les villages et les rares cas de déprédation. Une fois de plus, les loups sanguinaires assoiffés de sang humain qui retiennent tant l'attention des compilateurs d'historiettes, apparaissent comme un mythe, seule la culture de la peur du loup française était bien réelle et partagée par les communautés. Le loup se tient à distance des hommes, «tient les personnes comme sacrées» ; ce récit d'un avocat au parlement du Dauphiné, d'un homme de plume donc, montre bien que le comportement usuel des loups à l'égard de l'homme est la peur et la méfiance, voire l'indifférence. Seule la faim pousse les loups à sortir du bois. Fidèle à l'adage, Froment signale l'incursion de loups en 1624 dans les villages dans des circonstances extraordinaires. En effet, lorsque la ville de Briançon est ravagée par un incendie, les décombres de la cité attirent les loups, (on retrouve encore un lien entre le feu et les loups...)
On lit bien ici le caractère particulier des incursions de loups à des moments difficiles et de conjoncture de crise[53]. Il y a bien une corrélation entre crise des sociétés humaines, liée à des accidents conjoncturels, et retour des loups parmi les hommes. Bien souvent, le loup est inscrit

---

[52] Antoine Froment, *Essais sur l'incendie de sa patrie (1639) et les singularités des Alpes en la principauté du Briançonnais*, Grenoble, 1868, p.269-277, chapitre sur les ravages des loups.
[53] *Id.*, note 11.

dans les registres à ce moment-là, car il défraie la chronique. Si le loup était l'ennemi des hommes, pourquoi sa chasse fut-elle réservée à un corps d'élite, la louveterie ?
Pourquoi le cas dauphinois infirme la thèse des loups sanguinaires de France ? Pourquoi ne retient-on que les accidents de l'histoire dans les relations homme-loup, dans le rapport de la société au prédateur ?

Les loups seraient les «ministres de la cholere de Dieu, ils faisaient des ravages et de jour et de nuict. Les Valloysiens (de Vallouise) excellens aussi à la grosse chasse de l'ours et du loup, celui qui premier l'a descouvert va viste à l'Eglise sonner l'Estruimme (extermination en patois) ou Lou clars du loup (sonner le tocsin du loup) qu'ils appellent ainsi, tous l'entendants accourent avec des armes propres à cela : on porte les filets, les cordages»[54].

La chasse au loup dans le Queyras est traditionnelle et ressemble à ce qui se passe dans l'Oisans, dans le massif de Belledonne et du Vercors. Mémoire orale et mémoire écrite s'accordent à reconnaître l'existence d'une tradition commune de chasse aux loups, le long des gorges, des goulets et des ravins, le long des cours d'eau tels le Drac ou la Romanche. Le feu pouvait avoir été utilisé en final pour effaroucher les loups et les rabattre vers les filets. Les traqueurs pouvaient mettre le feu aux broussailles, comme en Bas-Dauphiné à Soleymieu à Couvaloup (couves à loup).

Ainsi, une tradition d'utilisation du feu pour effaroucher les loups a donné naissance à une locution, au XVIIe siècle, qui s'est disséminée géographiquement dans

[54] *Id.*, note 53.

l'espace du Haut-Dauphiné (Oisans) au Bas-Dauphiné vers le nord, à l'est jusqu'au Queyras et à l'ouest dans le Vercors ; le Rhône et l'Ain apparaissent comme une frontière naturelle imperméable à l'extension de cette locution dans le pays lyonnais.
Il est possible que les contreforts savoyards aient été touchés de manière épisodique et ponctuelle. C'est le XIXe siècle, siècle de l'histoire et des légendes comme genre historiographique, qui a popularisé la locution, devenant progressivement, grâce à la publicité et à la presse, à la littérature, une épithète identitaire.
Les moyens modernes de communication ont permis d'enraciner dans les cœurs et dans la culture de ces hommes l'appellation de «Brûleurs de loups» portée avec fierté par l'ensemble des Dauphinois. Fascinants sont l'histoire et le cheminement progressif de cette locution. Il est intéressant de noter que l'animal le plus honni de l'histoire de France est toujours aujourd'hui un référent culturel de premier plan.

Rien n'indique que les loups étaient enflammés physiquement, d'autant plus que la peau était une monnaie d'échange et une valeur économique non négligeable : «Ah que sont devenus les braves loups d'antan qui mettaient du beurre dans les épinards disaient-ils à leurs petits-enfants»[55]. Les bourgeois mettaient en effet des peaux de loups comme parure vestimentaire.

Ces chasses aux rets, panneaux et filets se retrouvent un peu partout en Europe, du Moyen Âge à l'époque moderne, comme le montrent les planches de *l'Encyclopédie* ou les illustrations de la *Chasse au loup* de Gaston Phoebus.

---

[55] *Id.*, note 27.

Aujourd'hui encore, la technique des fladry, d'utilisation de fanions, en Europe centrale et orientale, en Roumanie notamment, est à rattacher à cette tradition. Les animaux traqués, sans que l'on puisse se l'expliquer, restent captifs de l'enceinte formée par les fanions aux couleurs bariolées, ils ne tentent pas de franchir ses limites.

Par contre, à Chamaloc, en 1740, dans la Drôme, on détruisait les forêts en les incendiant pour augmenter les surfaces, le loup ne servant que de prétexte[56].
Ailleurs, dans le Vaucluse, au pied du géant de Provence, le Mont-Ventoux, des cas de défrichement similaires ont existé dès le XVIe siècle. Aux environs de Sault, sur la commune de Monieux, dans le registre des délibérations, l'ordre est donné de «défricher une partie de la forêt du Deffend afin de détruire un repaire de loups qui causaient dans ce quartier, de grands ravages aux troupeaux»[57].
Ainsi, dans d'autres provinces de France, des pratiques d'effarouchement des loups par le feu ont existé, sous l'Ancien Régime, face aux prédateurs, quitte à sacrifier le capital forestier.
Cet usage du feu pour éloigner les loups était-il une technique liée à la tradition cynégétique prenant racine au Moyen Âge, voire avant, et couvrant l'ensemble du territoire français ? Rien n'indique certes que les loups étaient brûlés, mais certains d'entre eux étaient sans nul doute enflammés. Ainsi, le paysage est le témoin de la volonté de l'homme de gérer son espace et son environnement, en éloignant les prédateurs nuisibles tels que les loups.

Notre étude ne vise pas à plonger trop loin dans l'Ancien Régime, car la période a été traitée par le mémoire

---

56 Archives communales de Chamaloc, HH1, 1740.
57 Archives communales de Monieux, BB 3, (1674-1707).

d'Isabelle Vidal. Son article de synthèse nous apprend, par l'analyse des registres paroissiaux de 1670 à 1773, 46 cas de personnes mortes provenant du loup dont 39 au cours du seul XVIIIe siècle.
L'âge moyen est de 10 ans pour les garçons et de 8 ans pour les filles, il s'agit de jeunes pâtres. 90% des attaques se déroulent dans le Bas-Dauphiné, principalement en été et non en hiver, alors même que le gibier se fait plus rare et le froid plus vif.
20% des victimes sont tuées par des loups enragés et seuls 55% des cas selon l'étude concerneraient de vrais loups.
En plein contexte de la Bête du Gévaudan, entre 1764 et 1767, le complexe de peur et la paranoïa collective attribuent facilement au loup des méfaits dont il n'est pas responsable. Charognard et se nourrissant certes de cadavres humains, le loup n'attaque pas l'homme en règle générale, si ce n'est en cas de rage, où l'animal mord tout sur son passage, hommes, enfants, chiens et bétail sans distinction, et meurt dans les trois jours suivants.
La rage est endémique au XVIIIe siècle dans l'ensemble du Royaume de France, avec un pic vers 1770 ; ainsi, on signale 5 victimes de loups enragés près de Moidieu et Septème. Il était de tradition d'exagérer le nombre de victimes, car ainsi, les communautés rurales et montagnardes alertaient les autorités qui organisaient alors de vastes battues. Qui plus est, les contrats de location stipulaient que les bergers étaient responsables de leur bétail et de leur enlèvement par les loups.

Par ailleurs, on peut se demander si la peur du loup ne fut pas un moyen détourné de canaliser la violence locale, par les autorités centrales, en organisant les battues ?
A l'inverse et en retour, on peut également se demander si cette même peur ne fut pas un moyen pour ces communautés du Dauphiné de prendre conscience d'elles-mêmes, face au pouvoir central, de s'organiser et de s'en

détacher ? Le loup agit en effet comme un ciment au sein des cellules intravillageoises.

Cela permettait en période de disette de faire annuler le règlement des impôts et de porter des armes en vue du braconnage. Chasser le loup était pour les braconniers une excellente garantie contre le délit de chasse, le loup devenant ainsi une couverture efficace et permettant tout simplement d'échapper aux sanctions de la justice[58]. Le loup est un animal nuisible, sa chasse est ouverte à tous nobles et roturiers, tuer un loup est une marque de distinction et de reconnaissance publique. Cela fait partie de la culture de la considération. Autour du loup se crée du lien social, l'individu est intégré à la communauté pour service rendu, il peut de ce fait légitimement demander pour son action une prime symbolique. Ainsi s'expliquent les quêtes du loup. La chasse est un élément de la liturgie du moi, la violence est détournée contre l'animal et permet de se distinguer en société. La chasse distingue du commun et singularise des communautés d'hommes au sein de la société.

Encore une fois la peur du loup est instrumentalisée. Pour enrayer celle-ci, des amulettes étaient accrochées au cou des animaux pour protéger les troupeaux lors des inalpages, jusqu'en 1937. Les troupeaux étaient bénis lors d'une messe en plein-air. A Séchilienne, chaque vache portait à la corne un brin de buis béni.
Saint-Loup était invoqué pour protéger le bétail de la dent du loup et les enfants de la peur du canidé. A Uriol, près de Vif, une église était consacrée et patronnée par Saint-Loup (célébré le premier dimanche d'août)[59]. Les poils de

---

[58] Philippe Salvadori, *La chasse sous l'Ancien régime*, Paris, 1988.
[59] Archives Départementales de l'Isère 4G273, p.811, tome II, visite de l'évêque Le Camus, 1677-1678.

loups étaient brûlés dans la chambre d'une accouchée pour la protéger des démons et garantir l'amour et la fidélité. On organisait à la Saint-Jean de grands feux, bénis par le curé et allumés par les consuls ; les troupeaux devaient sauter au-dessus du brasier pour se préserver de tout accident et maladie, les femmes s'assuraient des accouchements heureux en participant à ces sauts[60].

Tous ces rituels permettaient d'exorciser la peur du loup et d'apprivoiser cette culture de l'angoisse lupine.

2) Un exemple intéressant : la grande battue de 1754 au pays des «Brûleurs de loups»

En 1754, une vaste battue aux loups «carnassiers» et loups-cerviers fut organisée, réunissant plus de 2000 personnes. Cette battue d'envergure a réuni dans le Bas-Dauphiné et dans le secteur de Vienne les louvetiers et a mis le pays sur le pied de guerre, et ceci dix ans avant l'épisode de la Bête du Gévaudan. Des bandes armées battaient la campagne, peut-être une semaine durant ; elles allumaient de grands feux de bivouac la nuit, d'où l'appellation de «Brûleurs de loups» que leur auraient donnés les habitants des villes voisines à la vue des feux brûlant dans l'obscurité.
A Chandieu, non loin de Saint-Jean de Bournay, près de 2000 paysans sont réunis pour traquer une bête, ils mettent le feu à une combe pleine de broussailles, ce qui leur vaut le surnom de «Brûleurs de loups» selon Paul Dreyfus, dans son *Histoire du Dauphiné*.

[60] Pilot de Thorey, *Statistique du département de l'Isère*, Grenoble, 1846.

Dès les années 1747-1752, des loups sont signalés dans les Terres Froides sur un plateau alors boisé, marqué par un habitat dispersé.
Le curé de Primarette, Joseph Faure, curé de 1738 à 1764, évoque des loups dévorant des jeunes filles et dessine des têtes de loups sur les registres de catholicité, gueule ouverte bordée de dents. La zone de battue correspond à la région comprise entre Vienne et Lyon et concerne plus particulièrement les communes de Chandieu et Chaponnay. Se développe alors une véritable psychose collective exigeant une démonstration de force par l'organisation d'une gigantesque battue. Celle-ci est organisée de manière à calmer les esprits, elle a un rôle psychologique majeur de manière à rassurer les populations en proie à l'hystérie.
Les habitants confondent loups et loups-cerviers, c'est-à-dire loups mangeurs de cerfs, à savoir le lynx, que même Buffon ne connaissait pas dans son *Histoire naturelle.* La confusion va même jusqu'à prendre les déprédations des fauves pour celles de loups-garous.

Selon le témoignage du chroniqueur Jean-Baptiste Ollivet de 1751-1770, «dans le courant des mois de juin, juillet, août, septembre, octobre (1754) les loups-cerviers appelés vulgairement loups-garouds ont dévoré et mangé cent et dix personnes, tant filles que garçons, du côté de Vienne, entre autre à Chaponay, Lusinay, Jilins, Chaleyssin, Saint-Pierre de Chandieu et autres villages voisins. Le Bon Dieu apaise ces malheurs».
Ce témoignage est intéressant car il confond loups, loups-cerviers et loups-garous parmi les croyances populaires. Nous sommes bien ici en présence d'une «mâle Beste», auteur d'une véritable hécatombe auprès des hommes, délaissant bizarrement le gibier et le cheptel ovin...
Qui plus est, il est dit que les loups-cerviers ont dévoré et mangé, ce qui ne signifie pas que les fauves aient attaqué

initialement l'homme ; comme charognards, ils ont simplement pu profiter de l'aubaine pour se nourrir.
Le comte de Marcieu, commandant de la Province, organisa une vaste battue en septembre, mais le but des autorités était surtout de détruire la croyance en des loups-garous : «il faut leur prouver que ce ne sont que des bêtes qu'un coup de fusil tue»[61], cela démontre bien l'état de psychose des populations prises de peur panique.

Les registres paroissiaux témoignent des dégâts et ravages commis par ces loups-garous sur des personnes dévorées à Chaleyssin, Chaponnay, Illins, Mons, Luzinay, Villette de Vienne, par exemple : «A Villette de Vienne, Claudine Nardin, épouse de Julien Colin, âgée de quarante-cinq ans, est morte le 17 juillet 1754, dévorée par des bêtes féroces»[62] .
Quelle est la nature réelle de ces bêtes féroces qui envahissent le Bas-Dauphiné, dix ans avant l'épisode de la Bête du Gévaudan ? Des loups, d'autres fauves ou des hommes instrumentalisant une Bête, comme ce fut probablement le cas en Gévaudan, sont-ils les responsables de ces crimes en série qui défraient la chronique du Bas-Dauphiné ? La population y voit même la présence de tigres ayant le poil marqueté, comme en 1954 où un « lion » hante les bois de la Bâtie-Montgascon. Etrange ressemblance à deux cents ans d'intervalle entre ces faits au niveau des comportements et des mentalités. Il y a là une convergence sociologique, une même veine liant du passé au présent les communautés villageoises autour de la peur du loup, du fauve, de l'animal sauvage. L'altérité et l'étrangeté poussent les hommes à se définir

---

[61] Instruction de M. de la Corderie, 28 août 1754, in *Rive gauche*, décembre 1992, «Des loups en Dauphiné» par A. Clopin.
[62] Archives communales de Villette de Vienne.

une identité de la collectivité, la bête jouant par la peur provoquée, le rôle de ciment[63].

Pour répondre à ces menaces et à l'hystérie collective, chaque communauté doit fournir un certain nombre de traqueurs et de tireurs, en tout 28 compagnies de traqueurs et 13 de tireurs. Chaque compagnie est composée de 42 hommes, dont un capitaine, deux lieutenants et quatre sergents. Chacune doit respecter des consignes très précises.
Les tireurs doivent se munir de leurs armes à feu et les traqueurs devront «battre et traquer les bois, se munir de bâtons ferrés, de fourches, tridents, tambours, pistolets et autres instruments bruyants». Les participants à la battue doivent se préparer à amener des vivres pour plusieurs jours : «il faudra prévenir les habitants commandés à cette battue de se pourvoir en vivres, non seulement pour la journée mais encore pendant la nuit et le lendemain et, qu'en ce cas, chacun couche au bivouac sans avoir la liberté de se retirer chez lui, quelque près qu'il en soit».
C'est ainsi que des grands feux furent allumés et firent surnommer les Dauphinois les «Brûleurs de loups» par les Lyonnais.

Les armes sont vérifiées, il s'agit d'éviter tout accident ou débordement lors de la battue, tous les noms des participants sont inscrits ; sous peine d'amende, tous sont tenus d'y participer. Chaque tireur a un nombre limité de coups de feu. On prévoit des «mâtins, des gros chiens de grange et de troupeau pour découvrir plus facilement les loups dans le fond des combes et autres endroits obscurs et les en faire sortir».

---

[63] Dr Saunier, «Une battue aux loups au pays des Brûleurs de loups en 1754 par Mr le Marquis de Marcieu» in *Bulletin de l'Académie Delphinale*, 5è série tome15, 1924, p.89-96.

Les hommes sont rassemblés dès quatre heures du matin, «Ils feront tous leurs efforts pour détruire, dans leur peuple, le fanatisme des loups-béroux et leur prouver que ce sont des loups ordinaires qui, malheureusement se sont accoutumés à manger de la chair humaine». Et surtout, la moindre infraction aux consignes sera sévèrement punie.

Le 10 septembre 1754, la battue est organisée mais sans donner de grands résultats, seule une louvarde est abattue. La plupart des loups aperçus parviennent à franchir le rideau des rabatteurs et des tireurs. Les crimes reprennent et durent les années suivantes, en 1755 et 1756. Comme en 1954, la grande battue échoue, ce qui compte avant tout c'est de rassurer les populations locales par ces démonstrations de force du pouvoir central. Ces battues sont l'occasion de réunir les hommes, de créer des liens par la chasse aux prédateurs et de dessiner l'ébauche d'une culture commune. Face aux autres provinces, en particulier celle du Lyonnais, on se démarque en allumant des feux, on devient et on est pleinement un «Brûleur de loups». Par ces battues s'affirme donc un caractère identitaire autour d'une locution, revêtue avec fierté comme une peau de loup est portée en triomphe au village. A ce titre, on peut bien parler d'une culture de la considération.

Dans le Rhône également, en 1756, des loups-cerviers sont accusés de déprédations : à Sourcieux, 25 personnes auraient été dévorées par ce que la croyance populaire assignait à des loups-garous[64].

---

[64] Charles Talon, «Notes de folklore extraites de documents des XVI, XVII, XVIIIe siècles dans le Rhône, l'Ain et l'Isère» in *Evocations*, numéro 3, janvier-avril 1975, p.103-104.

Tout ceci révèle bien le climat de peur psychologique et d'hystérie collective qui gagne le Bas-Dauphiné, dans ce début de seconde moitié de XVIIIe siècle.
Autour du loup et des loups-cerviers se cache une croyance ancienne en la lycanthropie et la sorcellerie. Cela révèle également les mentalités campagnardes empreintes d'effroi et de crainte devant l'inexplicable. Cette affaire montre l'irruption d'une ou plusieurs bêtes sauvages, instrumentalisées par un ou plusieurs hommes, faisant courir sur les loups et les lynx leurs propres méfaits.
Si les loups ont mangé et dévoré les cadavres, ils ont servi bien souvent de couverture à la violence locale, nettoyant les carcasses des femmes et des enfants tués ; ils effaçaient du même coup toute trace de culpabilité humaine.

3) La chasse et l'extinction du loup au XIXe siècle

Il ne s'agit pas de raconter les chasses et les résultats des expéditions menées contre les loups, mais de voir et d'analyser en quoi le XIXe siècle s'inscrit dans une continuité ou au contraire une rupture dans les techniques utilisées pour effaroucher les loups. Autrement dit, utilise-t-on encore la voie du feu pour chasser les loups ou au contraire celle-ci est-elle plutôt l'empreinte du passé, une relique enfouie à jamais dans le souvenir et la mémoire des Dauphinois?
Le but n'est pas de traiter de tous les loups, de toutes les primes versées, mais de saisir en quoi les loups représentent un enjeu économique et peut-être culturel pour les communautés du Dauphiné, au moment où l'on sonne le tocsin du loup, de l'époque révolutionnaire à la fin du XIXe siècle.
Il s'agit d'établir un parallèle entre la battue de 1754 et celle de 1954, en vue de montrer les permanences sur la longue durée et les liens culturels de ces communautés dauphinoises avec le loup.

Nous essaierons de saisir le pouls et le rythme de disparition des canidés sur ce versant des Alpes françaises, en dessinant une courbe d'évolution du nombre de loups tués. La dynamique de la France moderne au cours du XIXe siècle va marquer une conquête des terres et un recul de la forêt, et donc des loups. Progressivement, les autorités centrales décident l'extermination du loup : par les lois de 1882, la chasse au loup est entrée en France comme une cause de salut public de la IIIe République, à coup de primes réévaluées et de strychnine. La carte des loups du Dauphiné correspond-elle aux lois nationales visant l'élimination du prédateur coûte que coûte ?

La suspension du privilège de la chasse à la noblesse durant la nuit du 04 août 1789 et le développement du port d'armes à partir de 1844 ont précipité la disparition du loup.

Avant 1844, une autorisation de port d'armes était délivrée sur simple présentation d'un certificat de bonne vie et mœurs, cela était donc interdit aux repris de justice. Chasser le loup exige donc un certain degré de moralité et de dignité.

Jusqu'en 1817, il y avait ordinairement trois lieutenants de louveterie ; après cette date, on en compte quatre. Ces derniers sont nommés par les Préfets et doivent présenter les résultats de leurs battues, ils doivent à leurs propres frais entretenir leur équipage de chasse et leurs meutes de chien avec limier et valet de limier. Cette charge honorifique et bénévole incombe généralement aux familles de la noblesse, car elles exigent un coût important et une disponibilité sans faille. Chasser le loup n'est pas une mince affaire, elle est le fait de spécialistes.

a) Nombre de loups abattus dans le département de l'Isère :

1790	18
1791	22
1792	22
1796	26
1797	21
1802	13
1803	28/32
1804	11
1805	10/13/23
1806	28/35
1807	11/20
1808	33
1809	18
1810	10/51
1811	12
1812	25
1813	7
1814	10
1815	32
1816	21
1817	13/14
1818	11
1819	15
1820	11/12
1821	29
1822	33
1823	18
1824	6
1825	14
1826	11
1827	29
1828	16

1829	19
1830	25
1831	18
1832	24
1833	27
1834	28
1835	17
1836	32
1837	15
1838	14
1839	13
1840	14
1841	22
1842	9
1843	20
1844	13
1845	7
1846	3
1847	3
1848	7
1849	9
1850	11
1851	10

TOTAL : 944 LOUPS (en prenant les chiffres les plus bas) divisés par 55 années, cela nous donne une moyenne de 17 LOUPS tués par an entre 1790 et 1851.

Cela montre assez nettement la chute du nombre de loups tués par année. A partir de la fin des années 1830 et le début des années 1840, de 20 à 13 loups sont tués en moyenne. Après 1844, très rares sont les années où il y a plus de dix loups qui sont tués. Cela montre bien la disparition précoce du loup sur les territoires alpins par

rapport à d'autres régions françaises. En 1852, quatre loups sont tués, comme en 1854, et deux seulement en 1855.
Il est cependant difficile d'établir avec précision les effectifs réels des populations de loups, puisque les sources à l'étude donnent parfois des résultats différents ; aussi faut-il demeurer prudent quant à l'analyse de ces données. Celles-ci se veulent une tentative d'interprétation et de réflexion. En tout cas, le développement du permis de chasse en 1844 n'est pour rien dans la disparition progressive de *canis lupus* en Isère. Par contre le développement des armes à feu est responsable de la mort du loup.
Ce qui explique également que les anciennes techniques incendiaires soient abandonnées : on ne brûle plus désormais littéralement les loups, mais on les brûle à coup de fusil.

Après 1850, la présence du loup est beaucoup plus sporadique et discrète ; on ne retrouve plus après cette date, dans la Drôme et dans les registres d'état-civil, d'actes de décès d'enfants emportés par des loups au fond des bois.
L'Impartial Dauphinois signale, le 4 septembre 1864, des loups se jetant sur des moutons, sur la commune d'Ornan, dans la montagne de Taillefer. Les moutons dérochent à la vue des loups, au total 161 moutons sont tués. Outre le coût économique important, il est intéressant de noter que les loups avaient disparu du Taillefer depuis 1844.
Les derniers loups de l'Isère sont tués à Méaudre et Autrans en 1868-1870 ; à noter que ces spécimens étaient touchés par le mélanisme, c'est-à-dire que leur fourrure était toute noire par dégénérescence. Des battues tuant deux loups sont organisées en décembre 1875, dans l'arrondissement de Bourgoin sur la commune de Marieu.

Le dernier loup de la Drôme est tué à Bourdeaux en 1902, il pesait 60 kilogrammes; un ultime représentant isolé est tué en 1940 à Saint-Jean en Royans, comme ce fut le cas en Isère pour le loup de Vignieu en 1954.

Dans les Hautes-Alpes, pour la période post-révolutionnaire, voici le nombre de loups tués[65] :

1790 : 11
1791 : 31
1792 : 31
1793 : 53
1796 : 36
1797 : 34
1798 : 27
1799 : 63
1800 : 49

Les chiffres montrent que le département compte davantage de loups que celui de l'Isère, en effet le fait montagnard y est plus prégnant et la densité humaine moins importante.

En 1791, une quête du loup est organisée à la Cluze dans le district de Gap, le 29 novembre. Une anecdote montre qu'une louve à qui l'on prend ses louveteaux n'attaque jamais l'homme, ceci s'appuie sur un document d'archive établi le 28 messidor de l'an VI à Solerans : «Jacques Eyleric aperçut une louve qui allaitait un louveteau et comme il était sans armes il se contenta d'épouvanter la louve par les cris, celle-ci ayant pris la fuite, courut après le louveteau et le prit vivant, et l'ayant attaché à une corde, il nous a déclaré qu'il s'était étranglé et nous l'a représenté mort»[66].

---

[65] Archives Départementales des Hautes-Alpes, L302-303.
[66] Archives Départementales des Hautes-Alpes, L302.

Dans les Hautes-Alpes, le loup disparait plus tardivement, il semble en effet y trouver des refuges plus efficaces puisque en1884, on dénombre encore 5 loups abattus, dont une louve pleine.
Dans le Queyras, à Monetier les Bains, une battue au loup est organisée en 1912, un loup est vu à Andrieux, puis en 1913, un loup est aperçu à Guillestre et Risoul.

Amusante est l'anecdote signalée par *l'Impartial Dauphinois* du 21 février 1874 où, à Valence, dans la Drôme, un homme se fait passer pour un loup-garou, il recouvre une peau de loup pour effrayer la population. Finalement démasqué, «Le loup-garou reçoit un soir de la part de jardiniers une volée de bois vert qui le fit crier comme un homme ou… comme une bête. On a découvert que c'était le mari d'une diseuse de bonne aventure et que dans l'intérêt de l'industrie conjugale, il s'était avisé de répandre aux environs une salutaire épouvante de nature à ébranler les imaginations et à amener des clients et des clientes à sa femme».
La peur du loup est encore une fois utilisée à des fins économiques, ce qui n'est pas, on le voit bien ici, toujours profitable…

b) Primes versées pour l'abattage de loups en Isère et dans les Hautes-Alpes :

Si sous Charles VII, en 1436, on versait aux frais du fisc 20 sous par loup, c'est François Ier, père de la louveterie, qui fixa les primes de deux deniers par loup et trois par louve. Les femelles avaient toujours une valeur intrinsèque supérieure par la capacité à être pleines et donner naissance à d'autres loups.

En 1790, les primes pour la mort d'un loup ou d'une louve étaient de 12 livres, et de 6 pour un louveteau.

La loi du 11 ventôse an III (1er mars 1795), fixe les primes en monnaie assignat, 300 francs pour une louve pleine, 250 francs pour une louve, et 200 francs pour un loup. La tête et les oreilles devaient être coupées pour éviter les fraudes. Les primes étaient payées sur mandat du Directoire par les receveurs du district. Un certificat de la commune devait être délivré de manière à authentifier la mort de l'animal.

La loi de messidor an V (28 juin 1797), fixe 150 livres pour un loup enragé, 50 livres par tête de louve pleine, 40 par loup, et 20 par louveteau.

Le 9 juillet 1818, les tarifs des primes pour les loups étaient les suivants :

- 18 francs pour une louve pleine
- 15 francs pour une louve non pleine
- 12 francs pour un loup
- 6 francs pour un louveteau.

Enfin, le 3 août 1882, une nouvelle loi fixe sous la III e République, les nouveaux montants :

- 200 francs pour un loup enragé
- 150 francs pour une louve pleine
- 100 francs pour une louve ou un loup
- 40 francs pour un louveteau de la taille d'un renard.

De 1889 à 1903, les tarifs des primes ont ensuite diminué de 150 francs à 75 francs pour une louve pleine, de 100 francs à 50 francs pour un loup, et de 40 francs pour un

louveteau à 20 francs. Cela est lié bien sûr à la raréfaction du loup sur l'ensemble du territoire français.
Le montant global des primes diminue : pour l'année 1800, 1200 francs sont alloués au total par le ministère de l'Intérieur, en 1843, les primes versées pour la mort des loups étaient de 279 francs, en 1855 seulement de 45 francs.

Généralement, ce sont les pattes, la tête ou les oreilles des loups qui étaient envoyées au subdélégué, comme en 1779 à Chorges, près de Gap, dans les Hautes-Alpes. Ces preuves vivantes permettaient d'obtenir un certificat devant témoins et l'assurance d'une prime versée par les autorités. Celles-ci représentaient un revenu non négligeable, de l'ordre de deux à trois semaines de salaire d'un agriculteur. Une économie du loup existait bien pour les communautés villageoises, qui pouvaient également vendre la peau et organiser une quête à deux lieues à la ronde. Le loup participe bel et bien ainsi à l'économie de subsistance des communautés intramontagnardes du Dauphiné.

Il s'agit d'éviter toute forme de contamination et la volonté était de se débarrasser des restes du nuisible. A Bourg d'Oisans, l'animal était exposé sur la place publique comme en l'an VI, «et auquel suivant l'ancien usage il a été coupé par le mandement du canton la pate (sic) droite de devant ainsi que la tête dudit animal»[67]. L'animal tué était ensuite écorché. Parfois on apprend au détour des documents d'archive que les «oreilles du loup seront submergées»[68]. Cela montre à Autrans, commune du Vercors, en 1790, le souci hygiéniste et sanitaire des autorités du Directoire.

---

[67] Archives Départementales de l'Isère, 109M1.
[68] Archives Départementales de l'Isère, L63.

A Bourg d'Oisans, un animal enragé mordant trente personnes en moins de 24 heures, en l'an IV, est terrassé par Jean Gerbert à coups de trident. Cet acte lui vaut une prime de 300 livres, de manière à stimuler les chasseurs de loups et les actes de courage.
La tête de l'animal est détruite par les autorités le 15 germinal de la même année : «le sieur Gerbert nous a apporté la tête dudit loup que nous avons fait brûler»[69]. Etait-ce l'usage pour tous les loups enragés de brûler leurs gueules ? En tout cas ceci vient renforcer la locution de «Brûleurs de loups» et l'utilisation du feu pour se débarrasser de ces animaux.

Au XIXe siècle, les communes enfouissaient les dépouilles des loups à 1,35 mètres de profondeur et les frais étaient pris en charge par la commune. La demande de prime devait être adressée dans les 24 heures au préfet par le maire sur papier timbré de 60 centimes en 1882.
Un officier de santé était parfois dépêché pour faire un rapport et veiller à la non-propagation de l'épidémie de rage parmi les hommes. Le souci premier est de rassurer les populations, et de montrer ainsi la compétence des autorités publiques.
Les autorités veillaient à ce que la peau d'un loup enragé ne soit pas levée, pour éviter toute contamination au bétail, aux chiens, aux hommes. Ceux qui avaient été mordus devaient être écartés promptement : «Il faut rassurer les personnes mordues et blessées. Ne soyez pas désormais aussi indifférent sur les mesures à prendre pour la sûreté des citoyens. Un magistrat doit toujours veiller à agir pour la sûreté publique et sa lampe doit luire tandis que ses

[69] Archives Départementales de l'Isère, L281.

concitoyens reposent avec confiance et sécurité»[70]. Normal au pays des «Brûleurs de loups»...

L'organisation de battues et le relèvement des primes s'appuient sur cette volonté de ramener le calme et la tranquillité au sein des communautés du Dauphiné. C'est pourquoi, les autorités font afficher et placarder les ordres de battue, les horaires, le nombre de participants ainsi que l'ordre de tenir les chiens attachés et le cheptel rentré à la ferme. Il fallait absolument éviter tout accident, l'administration se veut efficace, au plus proche de ses citoyens. Etudier les primes aux loups permet de saisir l'histoire en creux des mentalités des administrateurs face aux villageois et de saisir les réponses données face à la peur du loup. Le loup permet-il de saisir et d'analyser les mentalités et les représentations des administrateurs et lieutenants de louveterie ? Distillent-ils dans leurs discours des façons de penser et de voir le loup différentes de la culture populaire ? Y aurait-il à ce sujet une culture des élites qui nourrirait en retour la culture populaire ? Cette dernière serait-elle totalement indépendante de celle-là ? Il y là matière à réflexion et un champ d'investigation intéressant à parcourir.

A ce titre, une anecdote drôle peut être ici retenue : il s'agit, le 4 frimaire de l'an XII, soit en 1804, du citoyen Petit qui a tué 4 loups. Il n'a présenté les oreilles que de trois loups, «une s'est égarée dans mes bureaux, je joins les 5 autres sous ce pli»[71]. Il est cocasse d'imaginer l'embarras de l'administrateur et les conditions de conservation de ces restes de loups ! Il s'agissait d'éviter toute fraude de la part des chasseurs de loups, car par le passé certains se rendaient à plusieurs endroits se faire

---

[70] Archives Départementales de l'Isère, L113.

[71] Fond CHAPER, Bibliothèque Municipale de Grenoble.

rétribuer successivement leur acte de salut public. En ramenant la dépouille, une demande d'indemnité est formulée de manière à «entretenir et exciter le zèle» des chasseurs.
A Saint-Firmin, dans les Hautes-Alpes, les oreilles d'un loup sont volées dans une grange, en l'an VIII[72]. Quand les oreilles viennent à manquer, le reste du corps doit être envoyé aux autorités pour pouvoir obtenir une prime.

La procédure administrative était bien longue pour le versement des primes, dépendant des services du Grand Veneur jusqu'en 1815, puis du Ministère de l'Intérieur. Les versements se faisaient parfois attendre, ce qui n'encourageait guère les Dauphinois à traquer les loups de leur territoire. Les caisses de l'Etat étaient vides, ce qui ralentissait le zèle des populations à traquer les loups.
On peut en conclure que les loups n'étaient pas vraiment un danger immédiat et systématique justifiant à lui seul d'aller sur le sentier de la guerre : seules les périodes de relèvement de primes voient les tableaux de chasse du loup s'accroître.
Qui plus est, le système de vastes battues est très critiqué au XIXe siècle, car les délais entre la demande émanant de la sphère locale et la réponse octroyée par le préfet étaient trop longs, permettant aux canidés de se déplacer. Souvent les battues faisaient ainsi buisson creux. Il était préférable d'organiser celles-ci en hiver pour suivre les loups à la trace. La presse est souvent utilisée comme caisse de résonance auprès des autorités pour organiser des battues et les alerter d'un danger imminent.

Un cas peut mériter notre attention, celui d'une louve enragée, donc furieuse, dans l'arrondissement de la Tour-du-Pin, en 1817, égorgeant les bestiaux et attaquant les

[72] Archives Départementales des Hautes-Alpes, L302.

personnes se trouvant sur son passage. Claude-Pierre David de Crémieu combat en corps-à-corps la louve avec son trident[73]. Il parvient à tuer l'animal avec une hache pendant que ses compagnons viennent l'aider.
Ce fait mérite l'attribution d'une prime de 150 francs par le préfet et la sollicitation d'une médaille qui inscrive dans la mémoire son acte de courage. On pense que la louve n'était pas enragée car M. David ne mourut pas de ses blessures, cependant la perte de ses petits «l'a rendue furieuse», (ce qui parait inconcevable dans le monde des loups). Le Roi accorde 1000 francs pour la prise en charge des malheureux blessés victimes du fléau et du désastre de la louve furieuse. Une médaille en argent est remise à David portant «d'un côté le portrait du Roi, et de l'autre une légende qui atteste l'action courageuse qui lui a mérité cette récompense»[74].

c) Moyens utilisés pour chasser les loups :

Il apparait souvent à la lecture des archives que le simple fait de crier suffisait à éloigner les loups, «aux cris qu'on a poussés, il s'est éloigné, mais tranquillement et en suivant la grande route»[75]. Des moyens traditionnels, comme celui d'organiser des feux, suffisaient à tenir à distance les prédateurs, ainsi en 1874 près de Crémieu, «Réveillés par les hurlements des chiens qui saisis de frayeur avaient grimpé sur le toit de l'écurie, Plâtre dit Bourguignon vit deux points lumineux, les deux yeux du loup. Il court chercher du feu, mais à son arrivée le loup prend la fuite»[76].

---

[73] *Journal Politique du département de l'Isère*, 29 mai 1817.
[74] *Journal Politique du département de l'Isère*, 12 juin et 15 juillet 1817, in Fond Chaper, HD43, Bibliothèque Municipale de Grenoble.
[75] *L'Impartial Dauphinois*, 15 décembre 1875.
[76] *L'unité française*, 31 janvier 1874.

En l'an IX, dans les Hautes-Alpes, une louve enragée est détruite à la Motte, «qui à l'aspect du feu a rétrogradé bien vite»[77].

Un autre exemple, relaté par le *Courrier de l'Isère* du 6 février 1840, signale un loup en pleine journée suivant une femme et un enfant de la commune de Crolles sans les inquiéter. Une fois de plus, quand le loup n'est pas enragé, le danger que l'animal représente est seulement d'ordre psychologique et culturel.

Des poires étaient jetées aux loups à Montbonnot,[78] ce qui retint les loups d'approcher des maisons ; cette histoire fait partie d'un lieu commun puisque dans l'Aveyron, selon la mémoire orale, des hommes suivis par des loups leurs jettent des pains. Ils en sont quittes pour une bonne peur.

Il est surprenant d'apprendre, à l'étude des documents, qu'au XIXe siècle, rares ont été les victimes de la dent du loup. Tous les cas cités relèvent exclusivement d'animaux enragés, qui meurent trois jours après, «pour détruire cette Bête féroce et carnassière»[79].

Et si l'on y regarde de très près, les récits mettent souvent en avant dans les cas d'attaque, la présence d'animaux domestiques et de chiens. Ce qui passe pour des attaques contre l'homme sont de la part des loups des tentatives pour enlever des proies, jamais des attaques gratuites contre son seul ennemi.

Le loup est ubiquiste, il a plus à gagner loin des hommes qu'à ses côtés et sa peur de l'homme est bien plus forte que celle que l'homme peut éprouver à son égard.

Il y a même eu des essais de croisement entre chiens et loups, puisque des louveteaux pris au liteau, imprégnés de l'homme peuvent très bien se reproduire avec des chiens,

---

[77] Archives Départementales des Hautes-Alpes, 4M51.

[78] *Courrier de l'Isère*, 6 janvier 1852.

[79] Archives Départementales de l'Isère, L113.

les hybrides chiens-loups sont en effet interféconds ainsi que leurs portées.

Aussi, face aux victimes des Bêtes du XVIIIe siècle : loups-cerviers, loups et loups-garous, on peut se demander si légitimement les déprédations du loup n'ont pas été quelque peu exagérées. Ne servaient-elles pas de voile à la violence locale, d'échappatoire aux émotions populaires ? Les loups n'ont-ils pas été investis de crimes qu'ils n'avaient pas commis mais qu'ils participaient à faire disparaître ? Bouc-émissaire et alibi pratique de la violence des hommes, les loups ont été chargés d'une image négative, de celle du nuisible à éliminer, du fléau de Dieu à exterminer coûte que coûte. La peur du loup servait-elle les intérêts de certaines catégories sociales, était-elle instrumentée visant des desseins précis ? Jouait-on de la confusion et du climat liés à la peur du loup pour s'imposer socialement par l'apparition d'une culture de la considération ? Chasser le loup permettait-il de se distinguer et de sortir du lot ? Le loup entraînait-il par sa chasse un sentiment de solidarité ? Avait-il un rôle de ciment social et d'enracinement d'une culture de la peur par la mémoire et les représentations populaires ?
Un exemple de don en faveur des victimes (trois hommes) de la fureur d'un loup enragé à Villard-Bonnot en 1824 de la part des habitants de la commune de la Tronche confirme cette hypothèse[80]. Le loup présente bien l'image d'une calamité qui exige réparation et intervention des autorités publiques pour pallier les pertes causées par celui-ci.

Son éradication du territoire français, et du Dauphiné en particulier, se justifiait donc, quitte à utiliser du poison placé dans des appâts : «il faut étrangler une vieille brebis

---

[80] *Journal de Grenoble*, 20 octobre 1821.

et introduire de la noix vomique râpée fraîchement dans 15 ou 20 trous que l'on pratique dans la chair. On enterre l'animal dans du fumier pour cacher l'odeur de l'homme. L'animal était traîné par de longs circuits jusqu'à l'endroit le plus fréquenté par des loups, suspendu à une branche d'arbre»[81].

Comme le préconise l'abbé Rozier dans son *Manuel d'Agriculture*, le poison, comme la noix vomique ou la strychnine, pouvait être utilisé pour éliminer les loups. Un des problèmes, outre la méfiance des loups envers le poison, c'est que le poison pouvait tuer d'autres animaux dont des chiens, bien utiles à la sauvegarde des troupeaux. Aussi préférait-on utiliser comme appât des chiens plutôt que des brebis, car les chiens ont de la répulsion à manger la chair de leurs congénères, à la différence du loup.

Si les battues se poursuivent au XIXe siècle, elles ne donnent généralement guère de résultats, elles déplacent simplement les meutes de loups sur d'autres territoires, d'où l'idée, pour plus d'efficacité, d'organiser des battues sur tout un secteur géographique de manière simultanée. Les louvetiers avaient ainsi plus de chance de tirer des loups. Néanmoins, se soustraire à l'obligation de participer à une battue était puni d'une amende de trois francs en 1824.

Les loups étaient souvent repérés au printemps, au moment de la mise bas par les louves de leurs louveteaux. Les cris affamés de ces derniers et les mouvements pour rechercher des proies par les autres loups donnaient l'alerte pour éveiller les traqueurs et tireurs du loup.

Si les attaques des loups semblent se faire moins nombreuses, cela peut être lié à deux causes essentielles.

---

[81] *Courrier de l'Isère*, 17 septembre 1842.

D'une part, les loups disparaissent progressivement, chassés désormais de manière systématique à coups de feu, de poison, de pièges et de primes stimulantes.
D'autre part, la rage endémique au XVIIIe siècle sur l'ensemble du territoire semble s'atténuer, donnant encore lieu néanmoins de temps à autre, et de manière sporadique, à des joutes en corps à corps entre hommes et loups. En règle générale, l'homme mourait des suites des morsures infligées par l'animal.
La plupart du temps, l'homme sortait vainqueur de son affrontement avec le loup, grâce à l'aide d'un tiers.

Alors, si les loups étaient de si dangereux prédateurs, menaçant quotidiennement l'existence des communautés montagnardes du Dauphiné, pourquoi la chasse aux loups reste-t-elle le privilège d'un corps spécialisé, la louveterie ?
Pourquoi les populations étaient si peu motivées quand les primes du loup étaient basses et au contraire animées d'une ardeur enflammée quand celles-ci étaient relevées ? Etrange, cette conjonction entre le danger réel que représentait les loups pour les hommes et les moyens faibles mis à leur disposition pour éradiquer le nuisible. L'homme faisait-il l'économie de la chasse au loup quand celle-ci ne s'avérait pas financièrement alléchante ? Pourtant un appétit de loup ne se transforme pas au cours de l'histoire… Il est curieux de voir que ces loups du Dauphiné confirment le comportement des loups d'aujourd'hui, se tenant, pour les éthologues, à bonne distance des hommes, leur seul prédateur.
Où sont les loups sanguinaires, assoiffés de sang, avides de proies humaines, fidèles et conformes aux images d'Epinal ? Le débat est ouvert…

A moins que le vrai danger ne vienne d'un animal vertical à deux pattes, le loup humain, autrement plus dangereux pour les petits chaperons, rouges de préférence… A noter que durant l'épisode de la Bête du Gévaudan, les vêtements de jeunes bergères étaient retrouvés soigneusement pliés, non loin des cadavres : que les loups du XVIIIe siècle avaient de délicates attentions pour les hommes !!!

C) Les «Brûleurs de loups» ; un symbole identitaire fort encore aujourd'hui

1) Une locution aux usages multiples

Le loup est un élément de la conscience des hommes, le temps des «Brûleurs de loups» est resté un référent culturel actuel pour les Dauphinois. Parler du loup aujourd'hui, c'est porter au fond de soi de manière inconsciente l'empreinte vivace des battues enflammées d'autrefois. Cette tradition de l'époque moderne, peut-être née au Moyen Âge, a gravé dans le cœur des hommes une mémoire collective et individuelle, celles des battues d'antan où le loup entretenait la légende au quotidien. Son retour inopiné et inattendu permet un retour au premier plan de la locution des «Brûleurs de loups», réactivant tout un pan du passé.

La dynamique géographique du loup dans le massif alpin français, dans le cadre d'une recolonisation naturelle sans intervention humaine, montre la passion et la fascination qu'exerce cet animal sur nos consciences et notre imaginaire.

Symbole du sauvage adulé aujourd'hui au même titre que le lynx ou l'ours, le loup dispose d'un écho-romantique (éco-romantisme) incomparable et d'une charge symbolique et affective propre. Le loup passionne, il

évoque à chacun des hommes une part de lui-même, le rêve secret d'un monde libre, en harmonie et en paix.
En effet, une montagne sans loup n'est plus une montagne digne de ce nom dans l'esprit des français, même au détriment des bergers-éleveurs se sentant victimes du retour du loup plus que de la mondialisation du cours du mouton. En effet, seul 40% du mouton français est commercialisé en France.

Comment expliquer aujourd'hui la survie d'une locution du passé, dynamisée et revitalisée par le retour des loups ? Comment est-elle devenue un symbole de fierté et d'identité d'une ville, d'une région le Dauphiné, d'un «pays» ?

a) Les «Brûleurs de loups» s'affichent dans la publicité

La Dépêche du Dauphiné en 1935 se fait l'écho des «Brûleurs de loups», puisque toute la ville de Grenoble est invitée à venir profiter d'une semaine de promotion commerciale autour d'une publicité mettant en avant «les 5 jours des Brûleurs de loups», du 5 au 10 novembre de la même année.
Cette récupération d'une partie de la tradition et de l'héritage culturel montre l'importance à l'échelle de la ville de cette locution, représentant une sorte de patrimoine collectif identitaire fort pour chaque Dauphinois.
Cette expression fait donc partie du gratin ...dauphinois, surgissant quand on ne l'attend pas ; c'est d'ailleurs suite à cette opération commerciale qu'un appel aux lecteurs est lancé pour tenter d'élucider et percer la fleur de ce secret.
De ce fait, les autorités historiennes, Molmerret et Berret, s'impliquent pour apporter leur contribution à cette recherche passionnante qui a toujours intéressé les Dauphinois.

b) «Les Brûleurs de loups» ont voix de presse

Trois journaux ont porté le nom et le titre de «Brûleurs de loups» :

- Dès 1893, pour le 14 juillet sous la IIIe République, paraît le premier numéro du journal républicain socialiste le «*Brûleur de loups*». Ce dernier a son siège en plein cœur de Grenoble, place Grenette. Il se veut, en pleine fête nationale, un journal combattant en faveur de la cause républicaine face aux ennemis, les loups, qu'il faut «brûler» sur le terrain politique cette fois, c'est-à-dire tous les ennemis de la République. Il paraît deux fois par semaine les mercredis et samedis. Né en pleine élection législative, il se veut satyrique[82]. Devenu trop sérieux, il connaîtra l'échec.
Ainsi, durant une année, la cause républicaine embrasse la tradition des «Brûleurs de loups», l'affiche du premier numéro montre que le combat politique est acharné et qu'il faut montrer les crocs pour remporter les suffrages. Le premier numéro est l'occasion d'expliquer le choix du nom de «Brûleur de loups»[83].
«Brûleurs de loups oui, nous le sommes, et nous en sommes fiers. Nous sommes les descendants de cette rude race de montagnards....Constamment aux prises avec la nature inculte et sauvage, qu'il fallait conquérir et dompter ; en lutte perpétuelle contre les bêtes fauves, auxquelles ils disputaient pied à pied chaque sommet, chaque anfractuosité, ensanglantant les fourrés et les pierres...».

---

[82] Henry Rousset, *La presse à Grenoble, Histoire et physionomie 1700-1900*, Grenoble, 1900.
[83] *Le Brûleur de loups*, journal dauphinois républicain socialiste, 14 juillet 1893, premier numéro in Archives Départementales des Hautes-Alpes, Z Guillemin 5908.

Deux hypothèses quant à l'origine de la locution, toutes deux intéressantes :

«C'est sans doute dans cette existence aventureuse de hardis pionniers et de chasseurs farouches, toujours en éveil, toujours en guerre, qu'ils puisèrent les instincts qu'ils nous ont transmis, d'énergie, de combativité et d'ardent amour de l'indépendance.
Que suivant certains chercheurs d'étymologie, compilateurs de textes, commentateurs de manuscrits et coupeurs de cheveux en quatre, ces loups fussent des hérétiques, ainsi qu'on appelait les Huguenots, paraît-il, dans nos montagnes, au temps des guerres de religion, et que les Dauphinois les aient brûlés à coups de fusil, par analogie avec la façon dont on brûle encore aujourd'hui la cervelle à un traître, qu'importe ! Que suivant d'autres ethnographes, les loups fussent véritablement des animaux féroces, impudents et voraces, fléau de nos contrées, que les paysans brûlaient tout naturellement à l'aide de torches, en incendiant les forêts, qu'importe encore ! Ce qu'il y a de sûr, puisque la tradition, souvent plus fidèle que l'histoire, c'est que les Dauphinois brûlaient les loups».
Le débat concernant l'origine de la locution est encore ouvert, ce qui reste sûr, c'est que celui-ci demeure un trait permanent et rémanent de l'histoire des mentalités du Dauphiné. De nouveaux loups sont à éliminer désormais, sur le terrain politique cette fois, «Maintenant, si vous le voulez, les loups seront : les lâches, les fourbes, les hypocrites, les transfuges, les rétrogrades et tous les partisans des régimes déchus. Hé bien ! Ces loups-là, en continuant l'image, nous voulons les brûler, les empêcher de nuire».
Brûler les loups s'inscrit dans la tradition et se veut être un acte de foi républicain, demandant un engagement

citoyen et une démarche active. La locution connaît là une dimension nouvelle, montrant son importance et son écho dans le cœur des hommes du Dauphiné.
On réactive ainsi un facteur d'identité, rassembleur sur la scène politique, il s'agit de rallier les suffrages autour de la thématique traditionnelle des «Brûleurs de loups».
Combattre les loups c'est sauvegarder la République.

- Un second journal, le «Brûleurs de loups» apparaît en 1921-1922 ; il s'agit d'un résumé mensuel de la vie dauphinoise, qui a son siège à Grenoble, 2 rue Bayard[84].
Le premier numéro date du 1er novembre 1921 ; «ce sont les gais brûleurs de loups, de la montagne et de la plaine».
Chaque mois, une lettre d'une «brûleuse de loups» dévoile des stratégies de séduction et des historiettes d'amour.
Une amicale des Brûleurs de loups, en marge du journal, est créée à Lyon, ainsi qu'une chanson dont l'amicale est en possession. Le succès de la revue doit être important car elle est en vente à Paris, à Montmartre.

Le refrain d'entête du journal est le suivant :

« Nous sommes brûleurs de loups
Tête dure en vrais cailloux,
Aimant bien fraterniser
Rire, boire et s'amuser
Leurs aïeux flambèrent des loups
O Flamboyants brûleurs de loups »

Ainsi, être un «brûleur de loups» désignerait un trait de caractère de bon vivant et de joyeux gaillard. Le loup est également utilisé dans le cadre de la symbolique militaire de la première guerre mondiale : «les brûleurs de loups

[84] Archives Départementales de l'Isère, JD 879.

face aux mangeurs de choucroute», les Allemands. L'unité nationale et l'Union Sacrée s'organisent autour de la tradition des «Brûleurs de loups» et expliquent la victoire des Français.
En effet, l'amicale des «Brûleurs de loups» est créée dès 1913, avant même la création proprement dite du journal. Un insigne est choisi pour représenter les membres de l'amicale, il s'agit d'un loup émaillé de rubis cerclé d'or, en-dessous en pendentif les armes de Grenoble, Valence et Gap encadrées par une palme.

Le second numéro, paru le premier décembre 1921, est intéressant, car il donne l'origine des «Brûleurs de loups». L'auteur de l'article fait référence à une Chronique de 1540, malheureusement introuvable...qui expliquerait la genèse de la locution.
Un certain Lagnole, frère convers de l'ordre des Carmes aurait écrit une chronique dont voici quelques extraits :
«Dans la révérende nuict de la Sainct-Jean de l'année insigne 1540, beau feu clair feust mist à tout boys, forests ou bocquetaux où se pouvaient abriter loups. Loups bruslaient comme damnés en païs infernaux. Et cestuy- là, lequel par chance s'enfuyt en provinces voisines, mal en poinct, sentant le roussi à une lieue à la ronde, queue entre jambes, n'eus guère envie de revenir. De ce jour, gens des provinces voisines appelèrent Dauphinois par mocquerie lesgière Brusleurs de loup, mais iceulx néanmoins l'entendent avec plaisir».
Il est intéressant de lire à travers cette fable moralisatrice, le soin de l'auteur à créer un faux devant légitimer l'appellation portée avec fierté par les Dauphinois. Si le fond de l'histoire peut paraître conforme à une certaine réalité, le ton du propos montre le canular et la gouaillerie des Dauphinois de Chartreuse, qui un soir de la Saint-Jean, après avoir beaucoup bu, pensaient se débarrasser définitivement des loups en incendiant les bois.

Ainsi, le fait de réinventer une histoire constitutive d'une tradition et d'une identité, montre l'écho de la locution «Brûleurs de loups» et son impact au début du XXe siècle.

- Un troisième journal, les «Brûleurs de loups» de la fédération de la libre-pensée, naît en 1946, regroupant Paul Berret, le chantre de la romance des «Brûleurs de loups», ainsi que Molmerret et un corps enseignant de 350 instituteurs formant un Cercle d'études historiques, géographiques et folkloriques du Haut-Dauphiné. L'origine historique de l'expression y est bien sûr discutée, faisant référence au cardinal Le Camus et sa visite paroissiale en 1678 à Saint-Christophe en Oisans[85]. Dans le numéro 7 de novembre-décembre 1946, selon Saint-Olive, l'expression serait liée au Viennois, «Et ce serait une recherche à faire que de découvrir les auteurs Dauphinois et Lyonnais qui ont mis ce nom à la mode. Peut-être faut-il admettre qu'une désignation populaire nous a été transmise en se déformant. En tout cas, le débat reste ouvert. Il mérite une solution définitive».

Au total, les trois journaux n'ont pas fait long feu, une année de vie en moyenne, se consumant comme les loups tombés dans le piège enflammé.

c) Les «Brûleurs de loups» font de la Résistance

Un site internet révèle l'existence d'un groupe de résistants durant la seconde guerre mondiale : un groupe d'instituteurs, au nom de la laïcité, décide de réactiver cette locution identitaire contre les Allemands. Des jeunes Français jouent et interprètent des pièces de théâtre d'auteurs français de manière illicite, l'argent récolté permettant de ravitailler les maquis et de financer les

[85] Archives Départementales de l'Isère, JD 964.

actions de résistance du Vercors. Ainsi, le loup, figure emblématique de l'altérité, de l'autre, de l'Allemand, est l'objet de toutes les haines et de tous les combats.
Il n'est pas anodin de noter les liens entre les loups et Hitler lui-même, représenté en loup tant par Tex Avery en 1942 dans le dessin animé *Blitzwolf*, que par Calvo et Dancette dans leur bande dessinée de génie, *La guerre mondiale chez les animaux,* parue en 1945 et racontant un acte de résistance. Hitler y est représenté en loup arborant à la patte la croix gammée[86].
Brûler les loups devient donc un symbole de résistance, le prénom Adolf, ne vient-il pas d'Athal-ulf qui signifie noble loup en vieux germanique ?

2) Grenoble, une ville, et un club fier d'être «Brûleur de loups»

a) Les restaurants à l'effigie des «Brûleurs de loups»

A Grenoble, Cularo en latin, on retrouve la trace des «Brûleurs de loups» dans le plus ancien quartier de la ville, le quartier Saint-Laurent sur la rive droite de l'Isère. En effet, non loin de la crypte, un restaurant porte le nom des «Brûleurs de loups», sans doute en référence à la faim de loup qui animait ses clients puisque le restaurant est fermé…
Si à Grenoble même, le loup est présent dans les noms de restaurant comme *Le loup bleu*, rue Villars ou en banlieue comme à Saint-Hilaire du Touvet, à la *Grange aux loups*, l'appellation «Brûleurs de loups» telle quelle est plus rare. Elle est davantage la marque du passé que celle du présent.

---

[86] Pour les liens entre les loups et la symbolique militaire, voir mon article, à paraître en 2009, «La symbolique militaire du loup en France et en Allemagne de 1914 à 1945 » dans *la Revue de la Société des Amis du Musée des Invalides.*

Par contre, si l'on revient à la source historique qu'est l'Oisans et le massif de Belledonne quant à l'origine des «Brûleurs de loups», la commune de Venosc abrite sur les sommets une auberge appelée «Les Brûleurs de loups» ; renseignement pris, il s'agit d'une commune distante d'environ une dizaine de kilomètres de Saint-Christophe en Oisans, là où le Cardinal Le Camus nous a livré son récit. Le gérant m'a parlé de l'existence d'un article concernant les «Brûleurs de loups» au sein de son établissement ainsi que d'une fresque aujourd'hui à la grange, illustrant les «Brûleurs de loups», créée en 1954, l'année de la chasse du loup de Vignieu. Curieux hasard, il est à parier que la peur et la rumeur du Bas-Dauphiné aient réveillé toute une tradition provenant en amont du Haut-Dauphiné.
Selon la tradition orale, des chasses étaient organisées contre les loups entre les communes de Venosc et Mont-de-Lans au pied des Deux-Alpes et de l'Alpe d'Huez. Les colporteurs empruntaient une voie romaine pour vendre leurs produits dans les vallées, transportant avec eux l'appellation des «Brûleurs de loups» et devenant ainsi des vecteurs de la tradition ! Des fosses existaient et l'usage était de couper les pattes des loups piégés.

D'autres restaurants ou auberges se targuent du nom de «Brûleurs de loups» comme un élément de fierté que l'on transporte avec soi quand on s'installe ailleurs, comme me le confiait un restaurateur en Haute-Loire. Celui-ci, originaire de Savoie, a créé un établissement appelé «Le Brûleur de loups» sur la commune de Craponne sur Arzon, emportant avec lui sans le savoir une tradition du Dauphiné qu'il me prétendait provenir de Savoie… Ainsi, porter le titre de «Brûleur de loups» est un symbole de fierté et d'identité géographique, un référent culturel du passé toujours présent dans le paysage, si l'on y prête attention.

Enfin, un dernier restaurant aux «Brûleurs de loups» existe en Camargue aux Saintes-Marie de la Mer. Le pouvoir de diffusion et de dissémination de cette expression n'a donc rien à envier aux déplacements des loups eux-mêmes sur notre territoire. Un café de Marseille portait le nom de «Brûleurs de loups » au début du siècle dernier, où André Breton et d'autres auteurs se retrouvaient.

La chambre d'agriculture de l'Isère promouvoit sur son site internet cet héritage culturel des «Brûleurs de loups» et en fait un argument touristique indéniable en lien avec les équipements hôteliers ; ainsi Brûler les loups est un élément de la panoplie de séduction commerciale d'une région.

Au total, à ma grande surprise, près de cent pages sont consacrées à ce thème sur Internet via le moteur de recherche Google, preuve de la richesse sémantique de cette locution dans notre quotidien.

b) Les hockeyeurs de Grenoble sont des «Brûleurs de loups»

Le club de hockey sur glace, qui fait la fierté de la ville sur le plan sportif, puisque sacré il y a peu champion de France (1998 et 2007, et 2009), s'appelle les «Brûleurs de loups». Le club dispose d'un club de supporters et d'une effigie marquée de têtes de loups. Ces vedettes du sport de glace, d'une ville qui a accueilli les jeux olympiques en 1968, interviennent dans des émissions de télévision, comme en février 2003 sur Planète Thalassa.
Le club a un site internet sur lequel est expliquée l'origine de l'expression «Brûleurs de loups», réactualisée par un journaliste dans les années 1960. La source attribuée à Le Camus est citée par un historien, Paul Dreyfus, dans son

ouvrage sur *l'Histoire du Dauphiné*. Ayant contacté l'auteur, spécialiste de la Résistance et historien reconnu, ce dernier m'a confirmé l'existence de cette expression au cours des visites de Le Camus.

Il est intéressant de noter le lien entre sport collectif et loups ; à la manière des «Brûleurs de loups» grenoblois solidaires, il s'agit de faire bloc face à l'adversaire à coups de patins et de crosse. Solidarité liée à l'esprit de meute, le symbole du passé est employé à des fins nouvelles, sans que l'on sache exactement d'où proviennent les racines de l'expression. Actualisée par l'arrivée des loups, la locution revit d'un élan nouveau, il s'agit de s'identifier à un héritage culturel commun et fédérateur d'énergies communes dans un esprit d'équipe. N'oublions pas non plus le lien entre sport de glace, hiver, froid et endurance, des conditions très proches des battues d'autrefois réactualisées dans les tribunes, les joueurs mettant le «feu» parmi les spectateurs sous les salves des applaudissements.

CONCLUSION

«L'épithète de Brûleurs de loups a dans sa sonorité et dans son vrai sens quelque chose de chevaleresque et de hardi. Elle sonne l'audace et la vaillance : elle est de bon aloi. Les Dauphinois peuvent en être fiers. Il ne faut pas que des plaisantins cherchent à la démonétiser»[87]. Paul Berret montre là tout l'attachement des Dauphinois à cette locution identitaire, marque identitaire.
La nouveauté de ce travail réside dans l'étude d'une locution du passé, révélant une tradition du passé dans un espace particulier, le Dauphiné, et sa survivance actuelle dans le cœur des Grenoblois, ce à l'heure du retour du loup sur les pentes alpines.
Remonter aux origines de cette épithète identitaire s'est révélé riche en émotions et en surprises. Le loup, animal le plus honni de l'histoire de France, se trouve placé au centre d'une culture liée à des représentations et à des modes de chasse et de gestion des espaces propres au Dauphiné.
L'association loup/feu remonte aux origines de l'homme, à la sédentarisation des sociétés humaines et à la pratique de l'agriculture de montagne, et ce face aux meutes de loups territorialisées. Le conflit entre les deux espèces remonte à ce temps de conquête de l'espace, selon un modèle de front pionnier que l'histoire de la conquête de l'Ouest américain a également pu symboliser (mythe de la Frontière de Turner).

Ainsi, la particularité du Dauphiné est d'avoir suscité une tradition sous l'Ancien Régime de pratique incendiaire pour tenir à distance les loups le long des goulets étroits en utilisant des filets. De ces pratiques d'écobuage et de

[87] *La Dépêche du Dauphiné*, 24 novembre 1935.

défrichement est née une expression, qui fait aujourd'hui la fierté des Grenoblois, qui a survécu au fil du temps et qui s'est disséminée dans l 'espace du Dauphiné, du Haut vers le Bas selon une orientation sud-nord. Elle s'est ensuite étendue aux massifs périphériques, le Vercors à l'ouest et le Queyras plus à l'est, grâce à la culture orale véhiculée par les colporteurs qui empruntaient les voies romaines.
Le développement au XIXe siècle des moyens de communication de masse (presse, image) a permis d'enraciner durablement l'épithète de «Brûleurs de loups» grâce notamment aux journaux dénommés «Brûleurs de loups».
Symbole identitaire, le loup est l'étendard privilégié pour désigner et définir le caractère d'une province : le Dauphiné. Le retour du loup en 1954 a rallumé la flamme d'une tradition enfouie dans la mémoire et le souvenir, celle des «Brûleurs de loups», une locution que le retour des loups a réactivé à nouveau.

L'expression retrouve un écho sonore et connaît un renouveau, le feu des Brûleurs de loups est rallumé, en espérant que le retour des canidés soit un sujet moins brûlant…Le souvenir d'une tradition du passé est ravivé telles les braises qui couvent en silence avant de s'enflammer à nouveau. Ainsi brûle encore dans nos consciences le souvenir de cette mémoire du passé.
Le loup est bel et bien un enjeu patrimonial de premier plan ; s'il est responsable de peur et sujet de rumeur, il n'en est pas moins un élément indispensable du rapport des Dauphinois à leur environnement.
Il a forgé les consciences, forgé un imaginaire et une mémoire, donnant aux Dauphinois une identité et un sens de la solidarité et de la communauté montagnarde. Les loups ont dessiné une géographie de toponymes, marquant de leurs empreintes les cartes, vestiges de leur présence

passée sur nos versants : «Brûleurs de loups, épithète héroïque et romantique dont se parent les Dauphinois comme d'une écharpe de gloire»[88].

Les recherches sur les «Brûleurs de loups» ont permis de trouver d'autres massifs où l'expression existe et s'est enracinée autour d'une tradition ; en effet, dans le Doubs, une place des «Brûle-loups», à Jougne, sur la commune d'Entre-les-Fourgs, a été retrouvée.
Renseignements pris, deux sens expliqueraient l'apparition de cette locution dans le Doubs, plus au nord par rapport au Dauphiné.
Il s'agit soit de cloutiers qui éloignaient les loups de clous rougis au feu, soit de brûler la politesse aux loups, nom donné aux douaniers, en organisant la contrebande entre la Suisse et France. Le lien entre loups et douaniers trouve ses racines dans les gardiens du sel, dans le cadre du paiement de la gabelle : les gabelous veillaient en effet au grain.
Cela tend à montrer le succès d'une expression aux sens multiformes du Dauphiné au Jura selon un modèle de diffusion par proximité géographique ; d'ailleurs sur le plan géologique, les plis du Jura n'annoncent-ils pas ceux des Préalpes calcaires de Chartreuse ?

Si cette technique d'utilisation du feu comme pratique de gestion de l'espace et mode cynégétique du loup a existé en Dauphiné, depuis au moins l'Ancien Régime selon l'évêque Le Camus, elle implique la décimation du capital forestier en des régions aux hivers froids et longs. Il est possible que la plupart du temps, ce soient des fagots et des broussailles qui étaient enflammés ; en effarouchant les loups, animaux nuisibles, on participait à l'écobuage et

---

[88] *Id.,* note 18.

à l'élimination des mauvaises herbes. En amendant les sols forestiers, on éliminait les «nuisibles végétaux».
L'effet devait être réduit, car les loups étaient simplement déplacés vers d'autres territoires, aussi peut-on comprendre aisément en quoi cette technique liée à la tradition et à l'héritage culturel a progressivement disparu et cédé sa place à l'utilisation des armes à feu et au poison au XIXe siècle.
Dans l'histoire du loup et de l'homme, l'homme a toujours couru davantage après le loup que le loup après l'homme.
Si sous l'Ancien Régime, les hommes ont pu indirectement brûler physiquement des loups, au XIXe siècle, comme Alpinus, on «brûlait» la cervelle des loups par les coups de fusil : «Je courus au groupe et je pus me donner la jouissance de brûler la cervelle à ce vil brigand»[89].

L'éco-histoire donne matière à des réflexions intéressantes permettant sur un temps long de comprendre les influences de l'environnement sur les sociétés humaines et les dynamiques d'évolution de celles-ci à travers le temps et l'espace. Le temps des hommes se confond avec celui des loups par la conscience d'une histoire commune, dessinant une identité particulière, comme celle des «Brûleurs de loups» en Dauphiné. La chasse aux loups est la marque de la civilisation occidentale, d'une culture de la peur du prédateur évoluant selon les groupes sociaux, les contextes politiques, économiques et psychologiques. Le loup est miroir, reflet de l'âme humaine, il dévoile le rapport des sociétés à l'environnement et au sauvage. Il confronte l'homme au sentiment de nature et à ses représentants animaliers, dessinant l'écorce d'une culture révélée à l'encre des écrits des lieutenants de louveterie.

---

[89] Henri Faige-Blanc dit Alpinus, La *chasse alpestre en Dauphiné*, Grenoble, 1954.

Dans un travail de doctorat, la recherche pourrait s'articuler à partir des récits de lieutenants de louveterie des Archives Nationales de la série F : ces derniers présentent, outre les loups abattus, des témoignages sur leur rapport aux loups. Ces hommes représentant un corps d'élite ont-ils une culture particulière, spécifique du loup ? Distillent-ils une culture de la peur d'amont en aval partagée en gros par les populations ? Peut-on opposer au sujet du loup, culture des élites nobiliaire et culture populaire roturière ? La chasse au loup n'est-elle pas un élément de distinction sociale, une marque vivante de la culture de la considération chère à Robert Muchembled ? Peut-on saisir à travers l'exemple du loup, l'évolution du concept de nuisible dans le temps et dans l'espace français et européen de l'Ancien Régime à nos jours ?

Qui plus est, il s'agira de dissocier les différents regards et les diverses représentations au sujet de cet animal, de comprendre en quoi ce dernier a forgé une mémoire et une histoire de la peur pour les hommes.
Retracer les relations hommes-loups à travers les siècles permet de comprendre les mentalités des élites certes, mais surtout de comprendre les mécanismes de peur des populations locales. Le loup est devenu, entre l'Antiquité et le Moyen Âge, le bouc-émissaire des passions humaines, l'emblème à éliminer.
Chargé négativement, l'animal reste séduisant et attirant, il passionne par sa nature, sa vie en meute, son comportement. C'est ce paradoxe qu'il faudra essayer d'expliquer par la suite ; si le loup était un ennemi si redoutable, pourquoi les autorités ont-elles réservé la vénerie du loup à un corps de spécialistes ?
Les loups du passé étaient-ils de si dangereux carnassiers assoiffés de sang, avides de chaperons et de petites bergères ? Ou au contraire, la peur réelle du loup n'a t-elle

pas été l'instrument pratique et utile des autorités pour s'imposer auprès des autorités locales dans un processus de civilisation des mœurs ?

Si les loups normaux, indemnes de rage, étaient si dangereux, pourquoi en plein XVIIIe et XIXe siècle, les habitants faisaient-ils l'économie de la chasse aux loups quand les primes d'abattage diminuaient, comme le montre le cas dauphinois ?

Il y a là un débat intéressant entre les tenants d'une histoire classique, traditionnaliste, attribuant aux loups tous les méfaits du monde et tous les massacres, prenant certaines archives pour argent comptant, et un nouveau courant qui s'appuie sur les travaux des naturalistes et des éthologues.
Cette nouvelle histoire, associant une démarche plurielle combinant sciences humaines et sciences exactes, à la croisée entre histoire des mentalités, biologie et science du comportement de l'animal, est une veine de recherche plus enrichissante pour tenter d'approcher au mieux l'éco-histoire du loup.
Dans le champ d'investigation, il faut essayer de défricher le terrain de nos représentations et de nos cultures, il me semble impossible de croire qu'un animal ait changé à ce point de régime alimentaire, de préférer la chair humaine à travers l'histoire puis de se cantonner à des gibiers sauvages et domestiques. Pourquoi les tenants d'un loup mangeur d'hommes ne trouvent-ils aucune preuve de loup attaquant l'homme ? Pourquoi les loups canadiens se privent-ils aujourd'hui, à l'heure du tourisme de masse, d'un mets si délicat? Et les loups français venant d'Italie, pourquoi n'attaquent-ils pas l'homme ? De mémoire de berger sincère, le loup n'attaque jamais l'homme ; restant à distance, ubiquiste, il n'apparaît que là où la sûreté est de mise et le danger inexistant.

Faut-il prendre les sources témoignant des attaques de loups à défaut ? Certainement pas, mais celles-ci ne témoignent que des accidents de l'histoire. Notre image du loup ne serait-elle basée que sur des clichés, des topoï de représentations classiques admis par tous et devenus la norme ?
Est-ce être loup dans la bergerie que de dire que le loup a souffert d'une réputation injustifiée dans la civilisation occidentale et en particulier en France ?
D'autres regards parallèles sur le loup ont existé. Si la haine du loup a été l'image retenue par nos pairs, d'autres mettent en avant la noblesse de l'animal : sinon, comment expliquer le succès des représentations de loups parmi les armoiries médiévales ? Le loup fascine, et c'est tant mieux.
Malheureusement, on ne peut faire l'histoire des représentations à son égard sans connaître la nature même de l'animal. Sans croiser les différentes disciplines de la science, le chercheur en reste à une approche archivistique et donc subjective si celle-ci est prise à la lettre.

En tant qu'historien, il s'agit d'essayer de comprendre en quoi le loup offre une palette de regards et de représentations différentes et fluctuantes au cours de l'histoire, portant en soi les dynamiques de perception du rapport de l'homme à l'animal et au monde sauvage.
Sans accuser ni défendre le loup, il sera intéressant d'étudier les discours, les représentations au sujet du loup, de comprendre leurs évolutions dans le temps et dans l'espace.
En tout cas, l'approche classique des historiens faisant du loup le coupable idéal paraît certainement caduque dans le contexte d'une analyse globale et systémique.
Le loup, animal emblématique, offre une pluralité de regards. Souvent occultés par le passé, le comportement de l'animal et les progrès de l'éthologie ne peuvent

raisonnablement plus permettre de considérer cet animal comme dangereux pour l'homme, à moins que ceux-ci n'aient été par le passé tous enragés. Il est surprenant également de noter qu'aucune source ne parle guère des méfaits des chiens sur les troupeaux, alors qu'aujourd'hui ces derniers sont responsables de bien plus de dégâts que les loups en France.

Les historiens auraient-ils été prisonniers de leurs sources, auraient-ils obéi à des convictions personnelles ou bien à l'image classique de leur propre culture léguée de manière inconsciente par les contes pour enfants ?
Peut-on faire l'histoire du loup sans même connaître l'animal et en avoir vu la queue ?

En tout cas, les enfants ne se posent pas la question, puisque chaperon rouge ou pas, ceux-ci jouent au loup et à se faire peur dans les cours d'école et les parcs, comme si cet animal représentait l'archétype même du canal de diffusion et d'épanchement de la peur.
De croquemitaine, le loup a été réinvesti d'un regard nouveau, promu en argument de vente dans les publicités comme symbole du sauvage, les loups sont à la mode, malgré eux. A pas de loup, le regard sur cet animal se transforme dans notre société au point de devenir la mascotte numéro un du sauvage. Cette perception nouvelle sur le loup va-t-elle durer au moment du retour de celui-ci dans nos montagnes, ou celle-ci n'est-elle qu'un feu de paille ?

Il faut simplement espérer que l'étude de l'éco-histoire du loup puisse montrer que les sociétés sont redevables, malgré elles, d'une histoire et d'une mémoire communes.
Aucun autre animal, à notre connaissance, aussi haï soit-il, ne peut se prévaloir d'un tel succès aujourd'hui encore

dans le cœur de nos représentations : ce n'est pas le loup de Tex Avery, avide de pin-up qui nous démentira !

TABLE DES ANNEXES

a. Déplacements présumés de la louve, document d'archive départementale de l'Isère, 6343 W42.
b. Prime de destruction du loup, source id., a.
c. Récit de battue de la louve imaginaire, source id., a.
d. Télégramme de protestation contre la battue à la louve, source id., a.
e. Lettre de M. le Dr. COUTURIER, demandant la conservation de la dépouille du loup pour le Dauphiné, source id., a.
f. Souvenir du dernier loup en Bas-Dauphiné, *Le Dauphiné Libéré* le 12 janvier 1955, un an après, jour pour jour.
g. Histoire du loup tué à Vignieu, source Mairie de Vignieu.
h. Diapositives du squelette du loup de Vignieu conservé au Muséum d'Histoire naturelle de Lyon, source Muséum de Lyon.
i. La mémoire de l'événement, questionnaire personnel adressé aux derniers témoins de l'événement, deux chasseurs Mr. Angot de Sermérieu, et Mr. Drevet de Vignieu, l'homme qui a abattu le dernier loup de France.
j. Visite pastorale de l'évêque Le Camus, Archives Départementales de L'Isère, 4G273.
k. Battues générales aux loups à Grenoble en 1838, Affiche, source Archives Communales de Grenoble, 6F1 1539.

l. «Les Brûleurs de loups», journal socialiste de Grenoble, 14 juillet 1893, premier numéro, source Archives Départementales des Hautes-Alpes, Z Guillemin 5908.

m. «Les Brûleurs de loups», journal mensuel de la vie Dauphinoise, 1er décembre 1921, source Archives Départementales de l'Isère, JD 879.

n. Le club de hockey-sur- glace de Grenoble, les «Brûleurs de loups», page de présentation de leur site internet, www.bruleursdeloups.com.

Annexe a

RÉPUBLIQUE FRANÇAISE
MINISTÈRE DE L'AGRICULTURE

DIRECTION GÉNÉRALE
DES
EAUX & FORÊTS

29e CONSERVATION

DÉPARTEMENT DE L'ISÈRE

TÉLÉPHONE { 11-92 / 42-60

Grenoble, le 8 MARS 1954.

9, QUAI CRÉQUI

Le Conservateur des Eaux et Forêts à Grenoble

à Monsieur le Sous-Préfet à SAINT-MARCELLIN

OBJET : Prime pour destruction d'un loup.

J'ai transmis, au service compétent du Ministère de l'Agriculture, la demande de Mr le Maire de VIGNIEU tendant à faire allouer aux deux chasseurs qui ont abattu un loup sur le territoire de la Commune de VIGNIEU, la prime prévue par la Loi de Finances du 31 MARS 1903.

Il vient de m'être répondu que ces primes ont été supprimées depuis 1923 et qu'aucun crédit n'était plus inscrit désormais pour cet objet au Budget de l'Etat.

Je vous serais obligé de bien vouloir en informer Mr le Maire de VIGNIEU.

Le Ministère me signale que le Conseil Général peut, facultativement, attribuer des primes sur proposition du Préfet.

Je crois donc devoir vous laisser le soin d'apprécier s'il y a lieu de présenter une telle proposition à laquelle je ne verrais personnellement pas d'inconvénient.

Il semble qu'un taux de revalorisation raisonnable pourrait être adopté sans toutefois être calculé sur la dépréciation de la monnaie depuis 1903.

La prime, qui était de 50 Francs à cette époque, pourrait par exemple être portée à 5.000 Francs.-

Annexe b

Passages du loup

Jeudi	I4 Janvier	Vignieu
Vendredi	I5	Dolomieu
Samedi	I6	Montceau bois de Tire Gerbe
Dimanche	I7	Ruy Bois de Recevais
Lundi	I8	Cessieu bois de Saint Joseph
Mardi	I9	Salagnon bois
Mercredi	20	Optevoz bois de Burneud
Jeudi	2I	Mépieu bois
Vendredi	22	Lhuys (AIN) bois de Tantinet (Battue)
Samedi	23	Lhuis ....
Dimanche	24	Lhuis ....
Lundi	25	Bois de Vereraz
Mardi	26	bois de Chezax
Mercredi	27	Seillonaz bois de Souhait
Jeudi 28	28	bois de Villebois
Vendredi	29	bois de Conand
Samedi	30	Mont de Lange
Dimanche	3I	bois d'Ambérieu
Lundi	Ier fev.	bois d'Ambérieu
Mardi	2	id; id.....
Mercredi	3	id....id.......
Jeudi	4	mont du Nivollet
Vendredi	5	Jujurieux
Samedi	6	Cerdon
Dimanche	7	Ceignes
Lundi	8	Foret de Nantua
Mardi	9	Foret d'Apremont
Mercredi	IO	Foret d'Oyonnax.

Le manque de carte ne m'a pas permis de le suivre plus loin.

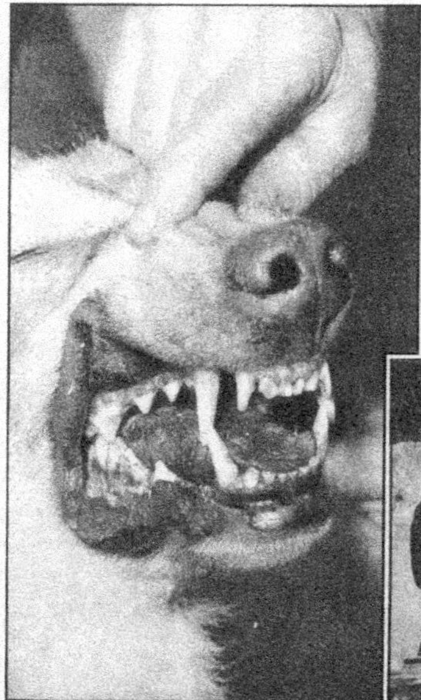

40 CHASSEURS ABATTENT LE LOUP DE VIGNIEU

Les crocs de ce loup ont éventré « Taïaut », le chien berger du garde Lombard. Ce bon Taïaut qui voici 5 ans, sauva la sœur du garde attaquée par un taureau furieux. Le fauve terrorisait Ervieu, Cozance, Arcisse, etc. Gendarmes et chasseurs de Sermérieu, Olouise, Vasselin et Vignieu, tous fusils dehors, ont fini par l'abattre après 7 heures d'une épuisante poursuite.

On croyait les loups définitivement chassés de l'histoire de France et refoulés à jamais sur les terres de la légende. Il va peut-être falloir changer d'avis. Sur nos frontières du Sud-Est, entre Nice et Grenoble, le poil des chiens de garde se dresse d'horreur quand la nuit tombe. On découvre, au matin, des bergeries entières égorgées. Les lieutenants de louveterie cessent de porter un titre symbolique, graissent leurs bottes et dirigent des battues monstres. L'effectif de 3 régiments de chasseurs, plus de 5.000 hommes un piper-club, et le Dr Couturier, « 1er fusil d'Europe », ne se démobiliseront qu'après avoir mis les « bêtes cruelles » à la raison. La Fontaine serait content : l'agneau est bien défendu. Mais il n'y a pas de quoi sourire : le mouton vaut très cher. On ne peut pas permettre aux loups de le traiter en bétail conquis. Dans le Bas-Dauphiné, c'est la gendarmerie de la Tour-du-Pin qui a déclenché contre eux les hostilités. C'est un cultivateur de Sermérieu, Albert Juppet, qui frappe mortellement le loup de Vignieu. Si le Bas-Dauphiné respire, l'Ain a encore des inquiétudes, mais les fameux tueurs de Peille ne sont en fin de compte que des chiens sauvages

Annexe d

PRÉFECTURE de L'ISÈRE

CABINET

RÉPUBLIQUE FRANÇAISE

Grenoble, le 22 JANVIER 1954

LE PRÉFET DE L'ISÈRE

à Monsieur le SOUS-PREFET de LA TOUR-DU-PIN

SOUS-PRÉFECTURE DE LA TOUR-DU-PIN ... ARRIVÉE ... 11. 321

J'ai l'honneur de vous adresser ci-joint, pour votre information, un télégramme de protestation contre la battue autorisée à la suite de la présence de loups dans la région.

Pour le Préfet,
LE CHEF DE CABINET.

TELEGRAMME

7I LYON 0439 36 2I I6I0

LOUVETEAUX PROVINCE LYONNAIS DAUPHINE PROTESTENT CONTRE CRUELLE BATTUE RECLAMENT VIE SAUVE ET LIBERTE POUR DERNIERS REPRESENTANTS INOFFENSIFS LONGUE TRADITION ET LEGENDES CAMPAGNE FRANCAISE PERSONNE MANGE LOUP DEPUIS I00 ANS = ARTHU FILS = LA TERRASSE ISERE =

Annexe e

Docteur Marcel COUTURIER
CHIRURGIEN
Docteur ès Sciences de l'Université
Lauréat de la Société Zoologique de France
Ex-Président Départemental pour l'Isère du Saint-Hubert-Club de France
Ancien Président de la Société Dauphinoise d'Ethnologie et d'Archéologie
Ancien Président de la Société Dauphinoise d'Etudes Biologiques
Lauréat de la Société Nationale d'Acclimatation de France
Ex-Membre du Comité des Grandes Chasses Coloniales Françaises
Membre Correspondant du Muséum National d'Histoire Naturelle
Ex-Membre du Conseil Supérieur de la Chasse
Membre de l'Académie des Sports

45, RUE THIERS
TÉL. 19-41

Grenoble, le 18 janvier 1954.

Cher Monsieur,

J'ai été très heureux de vous rencontrer avant-hier et de pouvoir parler d'un sujet passionnant d'Histoire Naturelle : le Loup.

J'ai appris que les battues d'hier n'ont rien donné et que la louve, puisque louve il y aurait, n'a pas été tuée.

A ce sujet, je viens vous demander, si j'en ai parlé ce matin à mon ami M. Breistroffer, conservateur du Muséum de Grenoble, de tout faire au cas où un loup serait tué de nouveau, pour que sa dépouille soit envoyée au Muséum de Grenoble afin qu'elle y soit naturalisée. Le sujet serait naturellement remis par la suite au propriétaire du loup ou à la commune qui le revendiquerait. Je vous prie donc de bien vouloir user de toute votre influence pour que Grenoble et le département (puisqu'au fond tout se passe dans l'Isère) soient honorés de cette naturalisation.

En vous redisant Bonne année et bonne santé, croyez, cher Monsieur, à mes sentiments très cordiaux et les plus reconnaissants.

M Couturier

Annexe f

LE DAUPHINÉ *Libéré*

... qui suivit pas à pas la chasse au loup et publia les premières photos du fauve abattu, est heureux d'offrir aux chasseurs de SERMERIEU ET VIGNIEU

cette

CARTE-SOUVENIR

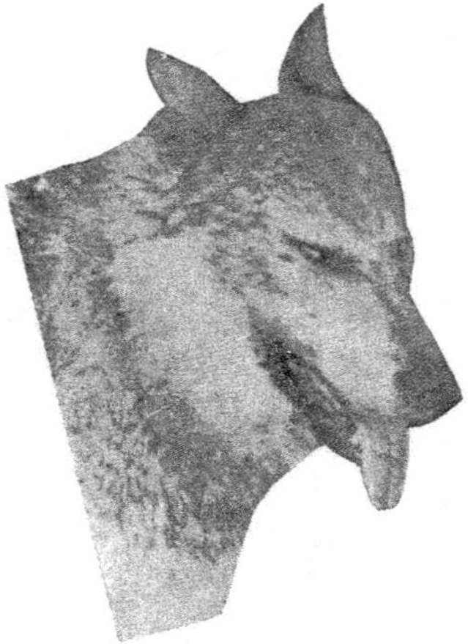

« Photo Dauphiné Libéré »

Souvenir du dernier LOUP EN BAS-DAUPHINÉ

12 JANVIER 1954

... Une date mémorable dans l'histoire des «Brûleursdeloup»

Il y avait une fois... en BAS-DAUPHINÉ Et pourtant ce n'est pas un conte cette histoire du loup en BAS-DAUPHINÉ qui égorgea le brave «Taïau» avant d'être abattu après une chasse mémorable. SERMERIEU et VIGNIEU, deux gentils petits villages, à quelques kilomètres de MORESTEL ont été le théâtre de cette poursuite d'où les hommes sortirent vainqueurs du dernier loup dans la Région.

***

12 janvier 1954 !

La battue est organisée par le maréchal des logis chef Brunet.

Les chasseurs de Sermerieu et leur Président M. Hullard se lancent sur les traces du fauve qui est blessé par M. André Juppet

On le poursuit jusqu'à Vignieu en passant par Vasselin. Là, M. Reynier et son équipe se joignent au premier groupe.

***

Sur la place de Vignieu, les trois chasseurs victorieux, présentent le fauve aux curieux.
(Photo « DAUPHINE LIBERE »

***

Les chasseurs de Vignieu emmenés par leur Président M. Charvet battent les bois

A 16 h. 30, MM. Budin et Drevet abattent le fauve

Sur la place du village, les curieux se pressent pour admirer la bête sauvage qui terrorisait la région.

Le loup, naturalisé, qui sera exposé à Morestel est entré désormais dans la légende.

***

Annexe g

V I G N I E U
Isère

HISTOIRE DU LOUP TUE A VIGNIEU
LE 12 JANVIER 1954

****

Une bête féroce rôdait depuis un certain temps déjà, en notre beau pays du Bas-Dauphiné.

Pour apaiser sa "faim de loup", elle commettait des ravages dans la région comprise entre LA TOUR DU PIN, BOURGOIN et MORESTEL. Les petits animaux domestiques étaient ses victimes, mais elle avait une prédilection marquée pour la gente canine. Ces braves gardiens de nos logis étaient surpris et étranglés la nuit, jusque dans les cours des fermes, puis entraînés et dévorés non loin de là. Le coup fait, le malfaiteur s'en allait, toujours sans être vu, et personne n'avait pu l'identifier.

Ses méfaits ne se comptaient plus de LA BATIE à CORBELIN, NIVOLAS, SAINT-CHEF, TREPT, COZANCE, SERMERIEU et autres villages.

Les rumeurs allaient bon train : on parlait d'un lion, d'une hyène, d'un loup.

Aussi, la panique s'emparait de tous les braves gens de la région ; les parents accompagnaient leurs enfants à l'école, s'ils en étaient un peu distants, ou s'ils devaient traverser les bois pour s'y rendre. Et quoique habituellement pas peureux, les femmes et mêmes quelques hommes ne sortaient plus la nuit de peur de rencontrer le fauve. Mais chacun était en alerte.

Or, au petit matin du 12 janvier dernier, alors qu'une couche de neige recouvrait le sor, Monsieur JUPPET, d'Ossée sur la commune de SERMERIEU, découvrit, tout près de son domicile, des traces suspectes sur la neige.

Suivant ces traces et à quelque distance de là, tout près d'un petit bois, il se trouva en face des restes d'un énorme chien loup, fraîchement dévoré, qu'il reconnut pour être celui de son voisin, MOnsieur LOMBARD.

De là, les pas du fauve se dirigeaient vers le petit bosquet ! Etait-il encore là ?... La hcose était possible ! Et sitôt l'alerte fut donnée.

Prévenu par téléphone, MOnsieur BRUNET, Chef de Gendarmerie à MORESTEL, fort des instructions de son administration en cas de la présence supposée du fauve dans son secteur, se rendit immédiatement sur les lieux, accompagné de l'un de ses hommes, afin d'organiser une battue.

Là, ils rencontraient déjà quelques chasseurs, et c'est ainsi qu'une dizaine de fusils commencèrent la recherche du fauve, enfin signalé.

En effet, au bout de quelques instants, un grand loup était délogé du bosquet.

Monsieur JUPPET Albert l'aperçut et put lui tirer un coup de fusil. Néanmoins, l'animal s'enfuit. Mais les traces de sang qu'on relevait sur son passage dans la neige confirmaient qu'il avait été blessé.

Il était environ 10 heures.

Après une incursion sur la commune de PASSINS, la bête revint dans la direction du Sud, traversant les territoires des communes de SERMERIEU, VIGNIEU puis VASSELIN.

Les chasseurs de ces trois communes, prévenus, s'étaient joints toujours plus nombreux sur les traces du fauve.

Celui-ci semblait avoir gagné les grands bois entre VASSELIN et VIGNIEU, car ici des traces fraîches puis d'autres plus anciennes laissaient supposer que là était son repaire habituel.

Aussitôt, ces bois furent cernés, puis fouillés par les chasseurs.

Effectivement, vers les 16 heures, se sentant traqué de toutes parts, et flairant le danger pour lui de tant de gens à travers bois, l'animal esseyait de quitter les côteaux boisés. C'est ainsi qu'il fut tiré sur VASSELIN, à l'orée du bois, par une dizaine de chasseurs disposés en tirailleurs, au moment où il se disposait à gagner le plateau.

Il se réfugia à nouveau dans les taillis et prit la fuite en direction de VIGNIEU.

Deux chasseurs, MM DREVET Joseph et BUDIN Roger, placés en embuscade dan les bois de Monsieur PRADEL, eurent la chance de le voir venir au grand trot et à pas de loup à travers bois.

Arrivé à quelques vingt mêtres des chasseurs prêts à faire feu, la bête s'arrêta, flairant probablement leur présence. A ce moment, ceux-là, de deux coups de feu, couchèrent l'animal. Il se releva et fit demi-tour ; deux seconds coups le tombèrent à nouveau ; il se releva encore puis dévala la pente pendant encore une centaine de mètres, suivi des deux chasseurs rechargeant leurs fusils. Se sentant probablement défaillant, il s'arrêta sur le talus bordant le chemin, regarda autour de lui, gratta le sol et se coucha, puis il se retourna, regardant venir les deux chasseurs. Ceux-ci, arrivés à quelques vingt mètres, lui donnèrent le coup de grâce de trois nouveaux coups de feu. Autour de son corps encore secoué par l'agonie, les chasseurs se rassemblèrent. La mémorable battue était terminée.

Ceci se passait à quelques trois cent mètres du village de VIGNIEU. Il était 16 h 15, les enfants allaient sortir de l'école.

Le loup mort fur ramené par les chasseurs triomphants sur la place de VIGNIEU.

Dans une ambiance de fraternelle sympathie, on but le vin de la victoire offert par la municipalité et la société de chasse de VINGIEU.
Aux cabarets BOREL, CLAVEL et BAUDRAND, le bon vin de VIGNEIU ocula à profusion dans les verres.

Pendant ce temps, la nouvelle de la mort du loup se répandait comme une trainée de poudre. En quelques heures, nombreux furent ceux qui vinrent l'admirer, de VIGNIEU et ses environs, notamment de BOURGOIN, LA TOUR DU PIN et MORESTEL.

La presse de LYON et GRENOBLE lui fit les honneurs de maints et maints éclairs de magnésium.

Puis vint, pour ces braves chasseurs, harassés par cette poursuite du fauve dans la neige, l'heure de rentrer chez eux.

Avant de se quitter, d'un commun accord, ils convinrent que le loup serait "exploité" par les société de chasse participantes à la battue, que le soir même, les chasseurs de SERMERIEU l'emmèneraient à seule fin que tous dans leurs faimmes puissent le voir. Le surlendemain, jeudi, jour de marché à BOURGOIN, la bête devait être exposée payante à l'avantage des chasseurs, puis il serait décidé ensuite de la conservation de sa peau.

Mais les circonstances obligèrent à modifier ces prévisions.

Le temps glacial se radoucit tout à coup, si bien que le lendemain, mercredi soi, alors que le loup se trouvait à la gendarmerie de MORESTEL, le Dr. BENOIT, vétérinaire, conseilla l'urgence de sa naturalisation, pour assurer la bonne conservation.

Le loup fut donc confié, sur l'initiative des personnes présentes, notamment Monsieur PERRIN, Maire de MORESTEL, aux rédacteurs du journal "LE PROGRES DE LYON", qui se traouvaient là, et s'offraient pour emmener gracieusement le loup et le faire naturaliser à LYON, aux frais de leur journal.

Ainsi les choses furent faites.

Les chasseurs DREVET Joseph et BUDIN Roger, auteurs de la mort du loup à VIGNIEU le 12 janvier 1954, et la société de chasse de VIGNIEU qui les assiste, confondant leurs intérêts, et conscients des devoirs qui découlent de leurs drtois sur la propriété du loup, déclarent ce qui suit :

"Animés par un esprit de fraternelle concorde, avec le souci d'assurer à la postérité un trophée de chasse rare et d'une valeur certaine, afin aussi de trouver une solution heureuse et raisonnable, qui consacre les mérites de chacun des participants à la mort du loup et à sa conservaiton, nous abandonnons nos droits exclusifs sur la propriété du loup à l'avantage de notre petite circonscription géographique de VIGNIEU, VASSELIN, SERMERIEU et MORESTEL, afin que le loup naturalisé fasse partie desormais du patrimoine commun à ces localités".

Cette affirmation étant entendue, et, en conséquence, entre les soussignés ci-dessous désignés :

Monsieur RIGOLIER Henri, Maire de VIGNIEU
Monsieur DREVET Joseph, chasseur de VIGNIEU
Monsieur BUDIN ROger, chasseur de VIGNIEU
Monsieur CHARVET Léon, président de la société de chasse de VIGNIEU

Monsieur HERAIL, Maire de SERMERIEU
Monsieur HULLARD, président de la société de chasse de SERMERIEU
Monsieur JUPPET Albert, chasseur à SERMERIEU

Monsieur REYNIER, président de la société de chasse de VASSELIN
Monsieur BRUNET? Brigadier-Chef de la Gendarmerie à MORESTEL
Monsieur PERRIN, Maire de MORESTEL

Il est convenu ce qui suit, et d'un commun accord :

Le loup naturalisé sera la propriété commune et indivise des localités de VIGNIEU, SERMERIEU et VASSELIN. MORESTEL, où il sera déposé, en aura la garde et l'entretien.

Sitôt la naturalisation du loup temrinée, son retour sera assuré par Monsieur PERRIN, Maire de MORESTEL, assisté dans cette mission d'un délégué par localité intéressée. Pour ce retour, toute voiture autre qu'une voiture de presse pourra être utilisée. Aucun journaliste ne sera admis dans cette voiture.

L'itinéraire de retour sera le suivant, venant de LYON : VIGNIEU, SERMERIEU, MORESTEL et VASSELIN. Une halte sera observée à chacune de ces localités.

Le jour-même, le loup reviendra à VIGNIEU, qui le gardera pendant la durée d'un mois.

SERMERIEU le prendra sitôt après pour une égale durée d'un mois.

A son tour, VASSELIN le prendra pour la même durée d'un mois.

Pendant cette période de trois mois où le loup sera à VIGNIEU, SERMERIEU et VASSELIN, une publicité commerciale pourra être faite et toutes les sommes recueillies à cette occasion seront partagées dans les proportions suivantes :

52 % à la société de chasse de VIGNIEU
40 % à la société de chasse de SERMERIEU
8 % à la société de chasse de VASSELIN

Après ces trois mois, le loup ira à MORESTEL, qui en aura la charge. Là sera désormais son refuge.

Un tronc sera palcé à l'avantage des sociétés de chasse préscitées, avec l'inscription : "N'oubliez pas les chasseurs du loup".
VIGNIEU en aura la clé et il ne sera ouvert qu'en présence des intéréssés, qui se partageront le contenu, suivant les pourcentages déjà indiqués.

Il est convenu en outre que chaque année, la localité de VIGNIEU pourra prendre possession du loup du 1er au 15 août, ainsi que deux autres fois, cinq jour consécutifs chacune, à n'importe quelle époque de l'année.

SERMERIEU pourra le prendre du 16 au 31 août.

VASSELIN pourra aussi le prendre, sur sa demande, une fois l'an.

Les localités qui prendront le loup auront à charge tous les frais occasionnés par le transfert, et seront responsables de son entretien et sa bonne conservation pendant le temps passé chez eux.

Le loup sera mis à la disposition des intéressés moyennant un préavis d'un mois adressé àar lettre à Monsieur le Maire de MORESTEL, qui en accusera réception dans le s48 heures.

Pendnat les périodes au cours desquelles elles seront détentrices du loup, les localités de VIGNIEU, SERMERIEU ET VASSELIN pourront, à leur gré, disposer de l'animal sur leur territoire et faire toute la publicité désirée. Le profit fait à cette occasion restera acquis à chacune d'elle qui en disposera librement.

La commune de MORESTEL pourra utiliser le loup comme attraction à ses fêtes. Elle devra alors verser à l'avantage des trois sociétés de chasse de VIGNIEU, SERMERIEU et VASSELIN les 50 % de sa recette nette.

Si uen localité autre que VIGNIEU, SERMERIEU, VASSELIN et MORESTEL désirait avoir le loup à sa disposition, pour une raison quelconque, une fête par exemple, celui-ci ne deviendrait disponible qu'avec l'assentiment de la majorité des présidents de strois sociétés de chass des localités de VIGNIEU, SERMERIEU, VASSELIN, et le maire de MORESTEL.

Le prix de location convenu sera réparti aux-dites sociétés de chasse déjà désignées, suivant le pourcentage convenu. La commune emprunteuse sera responsable pécuniairement de sa conservation et des dégâts pouvant lui être occasionnés, et à plus forte raison de sa perte totale.

Le loup est estimé à ce jour à une somme de deux cent mille francs, évaluation qui pourra être modifiée par un accord entre les quatre responsables, sociétés de chasse ou, à défaut, municipalités des localités copropriétaires, et le Maire de MORESTEL.

Il sera assuré tant contre le vol que contre l'incendie pour une somme égale à son évaluation, en tous lieux, par la commune de MORESTEL où le loup résidera habituellement.

Si, sur l'initiative de l'une des parties, le loup était appelé à être exposé en dehors du territoire de nos localités, le consentement à la majorité des qutre responsables sus désignés sera nécessaire. Les recettes produites seront aussi partagées entre les trois sociétés de chasse suivant toujours le même pourcentage. Toutefois, les trois bénéficiaires devront participer en commun à l'effort du production faute de quoi celui qui n'y aurait pas contribué, ne pourra prétendre à aucune part, et les recettes seront alors partagées aux autre parties suivant leur pourcentage respectif.

Il est particulièrement recommandé d'apporter les plus grands soins à l'animal lors de son transfert dans les localités susdites et autres, de façon à le conserver le plus longtemps possible. Si une détérioration était produite par manque de vigilence, la localité responsable serait tenue à la réparation qui s'imposerait.

En cas de perte totale de l'animal, l'indemnité consécutive versée par l'assurance, ou en cas d'aliénation de la propriété de la bête, le prix de cession, seront répartis de la façon suivante :
25 % à MORESTEL qui en assure la garde, l'entretien et la garantie contre le vol et l'incendie. Les 75 % restants reviendront aux trois sociétés de chasse déjà désignées et suivant les porucentages déjà cités.

A défaut de sociétés de chasse dans les trois localités de VIGNIEU, SERMERIEU et VASSELIN, les municipalités en tiendront lieu et place, chaque fois que la chose sera nécessaire, tant pour décider que pour recevoir.

Pour les votes entre les quatre responsables, la voix de VIGNIEU aura prééminence et fera la décision.

Au bas de la dépouille de la bête sera apposée une inscription ainsi conçue :

Loup tué le 12 janvier 1954, sur la commune de VIGNIEU, par Messieurs DREVET Joseph et BUDIN Roger, à 16 heures 15, après avoir été blessé sur la commune de PASSINS le maitn vers 10 heures par MOnsieur JUPPET Albert de SERMERIEU, lors d'une battue organisée par le Chef de Gendarmerie BRUNET, avec l'autorisation de Messieurs RIGOLIER, HERAIL et BLANC, respectivement maires des communes de VIGNIEU, SERMERIEU et VASSELIN, sous les ordres de leurs présidents respectifs CHARVET, HULLARD et REYNIER, et GUICHERD Louis, Garde-Chasse délégué de VIGNIEU.

Fait à VIGNIEU, SERMERIEU, VASSLEIN et MORESTEL.

Annexe h

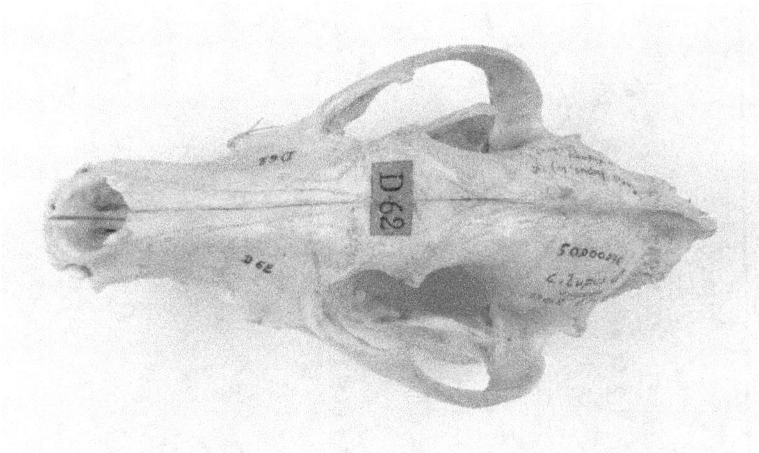

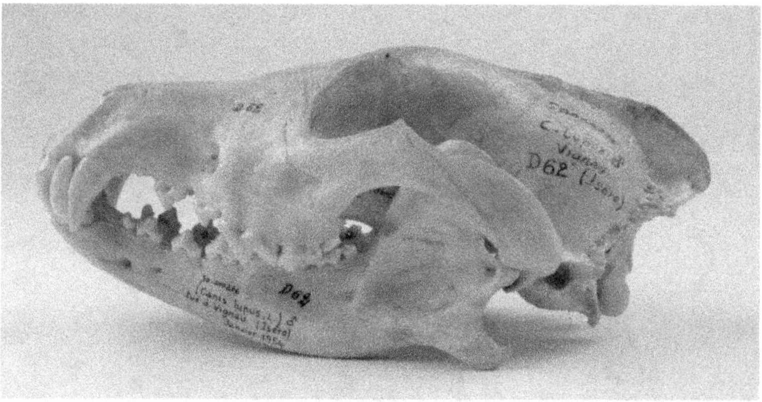

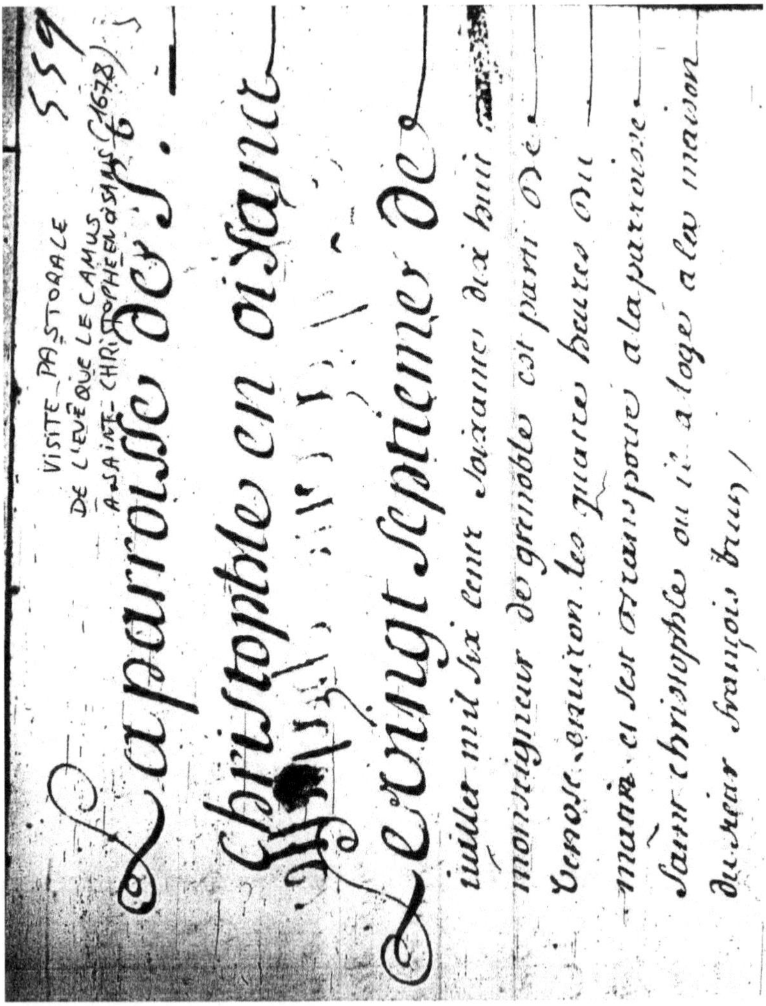
559
VISITE PASTORALE
DE L'EVÊQUE LE CAMUS
A SAINT-CHRISTOPHE-EN-OISANS (1678)
La parroisse de S.t
Christophle en oisant
Le vingt septieme de
iuillet mil six cent soixante dix huit
monseigneur de grenoble est parti de
venose environ les quatre heures du
matin et s'est transporte a la parroisse
saint christophle ou il a loge a la maison
du sieur françois turc

Reviennent ensuite dans leur chaumiere
Ceux qui passent l'hiver dans ce paye
demeurent continuellement dans les estables
avec les bestes, n'ayant point de bois pour
se chauffer il paroit par les grandes ruines
qu'on trouve encore entieres qu'il y en
avoit autrefois ~~Dubois~~ la tradition du
payis porte qu'on y mit le feu par
tout a cause du grand nombre de loups
qui mangeoint tout le bestail & Rendoint
par la le paix inutile presentement il
n'y en a plus ; mais ils sont tombés
dans une autre extremité qui est celle
de manquer de bois, a quoy on ne
Remediera jamais, n'y ayant nulle
apparence qu'il y en croisse tant qu'il
y aura des chevres dans chaque
maison,

MAIRIE DE GRENOBLE.

BATTUES

GÉNÉRALES

POUR LA DESTRUCTION

DES LOUPS.

Le Maire de la Ville de Grenoble donne avis, qu'en exécution d'un arrêté de M. le Préfet de l'Isère, du 2 de ce mois, il va être fait très prochainement des battues générales, dans tout le département, pour la destruction des loups.

Chaque commune devant fournir un certain nombre de chasseurs pour concourir aux battues générales, les citoyens de Grenoble qui voudront y prendre part sont invités à en faire au plus tôt la déclaration à l'Hôtel-de-Ville, soit en se présentant en personne, soit en faisant connaître, par écrit, leur intention.

Grenoble, le 9 février 1838.

H. BERRIAT.

Grenoble. — Typographie de F. Allier, imprimeur de la Mairie, Grand'Rue, cour de C

Première année. — N° 1. DIX CENTIMES 14 Juillet 1895

Le Brûleur de Loups

JOURNAL DAUPHINOIS, RÉPUBLICAIN SOCIALISTE

Paraissant le Mercredi et le Samedi.

PUBLICITÉ

Brûleurs de Loups

Brûleurs de Loups, oui, nous le sommes, — et nous en sommes fiers.

Nous sommes les descendants de cette rude race de Montagnards qui, après avoir peuplé la plaine, au mépris des dangers et bravant la tempête, — hôtesse accoutumée des cimes — osèrent les premiers escalader les Alpes et ne craignirent point d'accrocher en haut leurs nids, à toutes les aspérités des rocs, dans le voisinage des nids des aigles, — maîtres de l'espace.

Constamment aux prises avec la nature inculte et sauvage, qu'il fallait conquérir et dompter ; en lutte perpétuelle contre les bêtes fauves, auxquelles ils disputaient pied à pied chaque sommet, chaque anfractuosité, ensanglantant les fourrés et les pierres, — n'ayant au-dessus d'eux, comme dominatrice, que l'immensité, et, à côté, comme compagnon, que l'orage, — ne craignant rien, tels les anciens Gaulois, sinon que le ciel tombât sur leurs têtes, — c'est sans doute dans cette existence aventureuse de hardis pionniers et de chasseurs farouches, toujours en éveil, toujours en guerre, qu'ils puisèrent les instincts, qu'ils nous ont transmis, d'énergie, de combativité et d'ardent amour de l'indépendance.

Voilà pourquoi, parodiant une phrase connue, nous aimons notre province plus que la vôtre, la France plus que toutes les provinces, — et, par dessus tout, la Liberté.

Brûleurs de Loups, oui, nous le sommes, et nous en sommes fiers !

Que, suivant certains chercheurs d'étymologie, compilateurs de textes, commentateurs de manuscrits et coupeurs de cheveux en quatre, — ces loups fussent des hérétiques, — ainsi qu'on appelait les Huguenots, paraît-il, dans nos montagnes, au temps des guerres de religion, et que les Dauphinois les aient *brûlés* à coups de fusil, par analogie avec la façon dont on *brûle* encore aujourd'hui la cervelle à un traître, — qu'importe !

Que, suivant d'autres ethnographes, ces loups fussent véritablement des animaux féroces, impudents et voraces, fléau de nos contrées, — que les paysans *brûlaient* tout naturellement, à l'aide de torches, en incendiant les forêts, qu'importe encore !

Ce qu'il y a de sûr, — puisque la tradition, souvent plus fidèle que l'histoire, nous le rapporte, et je préfère cette dernière hypothèse, — c'est que les Dauphinois brûlaient les loups. Bûchers grandioses, et superbes hécatombes, dont je me plais à évoquer, à travers les brumes confuses du passé, la symbolique splendeur.

Brûleurs de Loups, tant mieux ! Le feu n'est-il pas le seul élément qui sûrement purifie ?...

Maintenant, si vous le voulez, les loups seront : les lâches, les fourbes, les hypocrites, les transfuges, les rétrogrades, et tous les partisans des régimes déchus.

Hé bien ! ces loups là, en continuant l'image, nous voulons les *brûler*, — les empêcher de nuire.

Mais, comme *loup* veut aussi dire *masque*, — si nous brûlons les loups, nous aurons, plus d'une fois, l'occasion de les arracher !

La Rédaction.

Annexe 1

Première Année N° 2 50 centimes 1er Décembre 1921

ADMINISTRATION
Chemin de Villion, 39 bis
LYON

le brûleur de loups

BUREAU
2, Rue Bayard, 2
GRENOBLE

RÉSUMÉ MENSUEL DE LA VIE DAUPHINOISE — ÉCHOS DE LA VIE LYONNAISE
ABONNEMENT : 6 francs par an

Cette petite revue qui, contrairement à tous les usages, s'est présentée sans programme, c'est-à-dire sans boniment. — Coucou ! me voilà ! — qui n'a pas même servi à ses lecteurs le vieux cliché traditionnel et mélancolique qui s'impose à toute publication qui naît en automne : " Les feuilles tombent ! Une feuille pousse ! " — O ma chère ! — Cette revue, dont le but n'est autre que de plaire en informant, a été joyeusement accueillie dans tous les milieux : Les félicitations, les abonnements nombreux qui nous sont parvenus en témoignent. Aussi bien n'aurons-nous qu'un but : la perfectionner le plus possible, la maintenir, tout au moins, toujours à ce même ton de bonne humeur dauphinoise.

le brûleur de loups.

Nous ne manquerons pas à notre devoir de remercier cordialement toute la presse grenobloise qui, sans exception, a accueilli notre premier numéro avec une si charmante sympathie.

" Brusleurs de loups "

J'entrai, naguère, par aventure, dans une humble épicerie de l'extrémité de la rue Saint-Laurent, non pas tant pour un menu achat que pour échanger quelques mots avec la vieille fée Carabosse qui habitait dans ce capharnaum où les simples, les onguents, les philtres et la poudre qui rend invisible étaient bizarrement remplacés par un petit assortiment d'épicerie à l'usage, je crois, des vieilles filles mal rentées du voisinage. Etrange boutique ! Une antique poussière teintait uniformément de gris les marchandises exposées. On y respirait, sans que cela fût d'ailleurs trop désagréable, une odeur composite de savon ranci, de bonbons aigrelets et de pipi de chat.

La bonne femme me parlait des rigueurs de ce temps, si dur aux petites gens, tout en roulant en cornets les pages d'un vieux livre — car elle vendait en contrebande, me dit-elle, du tabac à priser aux chantres et au marguillier de l'église voisine. Je pris le bouquin, ou plutôt ce qui en restait. C'était une vieille chronique dauphinoise ; le titre en était perdu, mais on pouvait voir encore le nom de l'auteur, un certain Lagnolle, frère convers de l'ordre des Carmes déchaussés. J'y lus notamment le passage qu'on pourra lire plus bas. Il éclaire d'une nouvelle lumière les causes du grand incendie de 1540 et les origines du surnom de « brûleurs de loups ». J'ai dû modifier parfois, quand il me paraissait trop obscur pour le lecteur, le texte du bon Lagnolle, c'est ce qui explique les anachronismes de formes et de mots qu'on y trouvera.

Louis LOMBARD.

La gens dauphinoise et espécialement iceux habitans campaignes estoient depuis moult années navrés par degasts commis par bestes fauves, tels que loups. Loups, malcontents de baffrer, à l'occasion, comme l'habitude estoit invétérée en la nation à très longues dents, moutons, ou chèvres caprines, alloient par grandes bandes quester parmi rues de villaiges ou mesmement villes guarnisonnés, et appréhendoient enfants encore à la mamelle, vieillards podagres, moines oraisonnant et aussi, bien que ce feust gran joye au logis, belles-mères plus poinctues et plus espineuses que buyssons de ronces.

Non ne pouvoient adoncques païsans issirent de case chaumine et travailler en champs, non plus honnestes marchans porteballes cryer et vendre leurs prouduicts, non plus guallantes et gratieuses fillettes espérer jouvenceaux sous verd feuillaige. Ainsi estoit en ce temps tritesse grande et gémissements perçans. Processions feurent faictes et aussi neufvaines sans plus de résultat qu'emplastre de farine de chastaigne sur chauldrons percés.

Adoncques feust faict appel aux nobles hommes de la province, lesquels prinrent mission et engaigement d'exterminer loups ainsi que Mores ou Mahometans. A grand renfort de piqueux, varlets, chiens-limiers, chevaulchant selon rang ou fortune courtauds de Beaucroissant ou mulles briançonnaises commencèrent à courir, à grand ahan, bestes puantes. Prinrent avecque eux manants des villaiges voisins, lesquels munis de bastons ou de branches rameuses durent battre tout le long du jour espais fourrés taillis pour en chasser loups. A telle besogne guaignèrent vite pance creuse et gorge très sesche. Ce pendant beaux seigneurs, bellement chevaulchant, trompe sonnant, taïaut, taïaut, bien munis de vivres, culebutant haies, saccageant champs complantés, contant fleurette aux belles guauloyses, larrecinant poules gélines, quanards et oisons, enffin commettant excès délictueux que ne pouvons icy relater.

Loups se la rigolaient tout à leur saoul.

Convinrent, alors, campaignards, après semaines de tels jeus de princes, de prier bien guallamment et chapeaux très bas, gentilshommes chasseurs de bien vouloir interrompre ceste folle poursuite. Ce quoi iceulx acceptèrent d'autant mieux que froidure approchant, il devenoit plus agréable de manger au coing du feu chastaignes de Theys arrousées de vin blanc que ramasser rheumatismes es forest.

Gran estoit à nouveau descouraigement chez povres habitants rusticques, guarissant au logis fatigues et nazardes des randonnées forestières et toujours infestés par loups. Toutesfoys, sur conseil de l'uny d'entre iceulx — la malepeste l'estouffe proprement — villains descidèrent prendre advis à ung vieil bazochieu de Grenoble, homme de grand sçavoir, plus entendu et de sens plus rassis, disoit-on, que ne le porte l'usance du mestier. Trouvèrent doncques à Grenoble, place du Malconseil, ung vieulx grigou, plus jaune que jambon de Maïence, nez roupieux et chaussi de bézicles aussi claires que peau de saucisson. Firent part à iceluy de leur perplexité.

Tendit d'abord, le vieil chat-fourré, sa main dextre noueuse et sarmenteuse. L'ouvrit, ronde et profonde comme pellerin qui y veut boyre et dit, fredonnant des babines : « Payer d'abord faut. »

A gran soupirs s'exécutèrent et de leurs poches passèrent dans cestuy la de la bazoche escus, ducats et ducatons, nobles à la rose et au dauphin, livres de France et sequins de Turquie. Adoncques prist gros registres sternutatoires, leu et releu, paperassa et équivoqua, puis décrésta, selon lois du royaume et coustumes dauphinoises, de citer loups devant tribunal du comté du Graisivaudan. Chose faicte et arrest rendu par la cour à grand arroi : D'ores, en avant debvaient loups composer leur menu des seules bestes sauvagines, pouvaient, toutes foys, y adjoindre herbe tendre et fleurie comme font moutons patentés.

Par dérision loups s'en vinrent joyeusement au cueur de la ville de Grenoble compisser murailles du palays de justice ; puys saysirent le juge souverain, lequel revenoit guilleret de taster vin pineau de Sainct-Martin-Toutesvignes et non obstant que ce feust bon chrestien, homme d'âge, chantant bien au lutrin, craignant Dieu et quasi toutes choses — n'estoit couraigeux que devant bonne souppe à l'oignon — et en firent bonne chère, car cestoy juge herminard estoit gras comme grisves à la vendange.

A cette heure, Dauphinois de tout gabarit blasphémèrent abhominablement et de quel jour, quasi chaque campaignard marmonne entre dents quand rencontre chiquaneur, comme font chiens bien dressés approchant quidams qui sentent la paille ou la corde. Et feust tout espoir abandonné, sinon qu'un jour païsants s'estoient assemblés à feste votive — icy communément dénommée vogue — de paroisse du Val de Chartreuse ; beuvoient vin de Voreppe et de la Terrasse à rompre cerceaux de la bedaine, ainsi comme est l'usage de montagnards. Plus beuvoient, plus s'échauffoient et plus discutoient, serrant de plus près la bachique sagesse, si bien que l'esperit du vin se manifestoit chez ung des beuveurs, lequel entre deux hocquets dict, parlant des mauldicts loups :

« Faisons doncques comme mesnagière quand vieille pelisse pelée de peau de mouton compte plus de poulx que de brins de laisne, mettons feu aux forests, détruisons ainsi loups, voyre même loups-garous. »

Il faict engaigement feust pris et nouvelle portée au loing, et dans la révérende nuict de la Sainct-Jean de l'année insigne 1540, beau feu clair feust mist à tous boys, forests, ou bocquetaux où se pouvoient abriter loups. Oncques nuict ne pareust plus claire, coq chantecler chantâ devant la mi-nuict, comme clayrons es camp du bon roy de France. Loups brusloient comme damnés en païs infernaux. Et cestuy-la lequel par chance s'enfuyt en provinces voisines, mal en poinct, sentant le roussi à une lieue à la ronde, queue entre jambes et plus privé de poils que crasne socratique, n'eust guère envie de revenir.

Tables fourent, le lendemain, dressées, chargées à crèvepance de bonnes vyandes, de pognes, bugnes et bugnons, et de ces matafans savoisiens qui incitent tout homme de bien à boyre. Filles et garçons dansèrent au son de flutes, pipeaux, tabourins et cornemuses. Enffin, grande feust la liesse du bon peuple dauphinois. De ce jour, gens des provinces voysines appelèrent Dauphinois, par mocquerie lesgière « Brusleurs de loups », mais iceulx néanmoins l'entendent avec plaisir, toujours prêts pour le reste, car sont gens à langue bien pendue, à rendre aux raillards une fève pour un pois.

Nous commençons dans ce numéro la publication de :

Un exploit de Mandrin

Episode en un acte

et en vers de J.-B. GIROD

En suivant le développement de l'action, nos lecteurs goûteront les beaux vers du poète forézien qui, en écrivant cet épisode du séjour du héros dauphinois dans le Forez, a su camper un Mandrin de fière mine, généreux, chevaleresque, aimé du peuple, haï des Fermiers généraux.

PREMIERE ANNEE — N° 1 MENSUEL MAI 1944

LE BRULEUR DE LOUPS

ORGANE OFFICIEL DE LA LEGION FRANÇAISE DES COMBATTANTS ET DES VOLONTAIRES DE LA REVOLUTION NATIONALE DE L'ISERE

ADMINISTRATION : 8, PLACE GRENETTE — GRENOBLE — TELEPHONE : 36-85 — 36-92 — 36-93

Fernand DONDEY
CHEF DÉPARTEMENTAL DE LA LÉGION DE L'ISÈRE
Né en 1892, à Champagnier
Père de 6 enfants
A fait la guerre 1914-1918 comme aviateur, escadrille SAM n° 8
Croix de guerre 1914-1918

LE MOT DU CHEF

Le "BRULEUR DE LOUPS" remplace le "LÉGIONNAIRE" qui a cessé de paraître.

C'est le Journal des Légionnaires de l'Isère, c'est NOTRE journal.

C'est le trait d'union qui permettra aux Anciens Combattants de notre département de rester en liaison.

Vous y trouverez mes directives. Vous y trouverez la doctrine du Maréchal. Je vous demande d'y collaborer, en nous envoyant vos suggestions, vos idées, toutes les nouvelles qui intéressent votre section et votre pays.

***

J'ai défini la position de la Légion et je vous ai tracé la voie à suivre dans ma lettre du 4 Mars dernier. Je n'ai pas de nouvelles consignes à donner aujourd'hui.

Ce que je vous demande avant tout, et je ne suis ici que l'interprête du Maréchal, c'est l'union de tous les Anciens Combattants autour de leur Chef.

Entre tous ceux qui on[illegible]é sur les mêmes champs de bataille, il s'est créé une fraternité ind[illegible]oluble. Il faut à tout prix maintenir cette amitié, cet esprit ancien combattant qui fait notre force.

Un jour, peut-être prochain, le Maréchal aura besoin de nous. Il fera appel à "sa" Légion.

Il faut pouvoir lui répondre : "Présent" comme à Verdun.

***

Pâques 1944

« C'est de la mort humiliée que

NOTRE TITRE

Pourquoi notre journal s'appelle-t-il « Le Brûleur de Loups » ?

Vous savez que ce terme est un surnom, que l'on donne aux Dauphinois, et que ceux-ci se donnent eux-mêmes avec une certaine fierté.

Aux époques lointaines du XIIIe et du XIVe siècles, notre Dauphiné, couvert en partie de vastes forêts, était infesté de loups qui ravageaient les troupeaux et s'attaquaient aux villages.

Les châtelains organisaient des battues. Mais ces chasses à cor et à cris, si elles détruisaient quelques bêtes malfaisantes, dévastaient surtout les cultures.

Et nos bons paysans préféraient opérer eux-mêmes.

Ils traquaient et poursuivaient les loups en des battues formidables, la torche à la main. Ils poussaient les bandes hurlantes dans des fonds de ravins étroits qu'ils barraient avec d'énormes grillages de fer. Puis, ils brûlaient littéralement les loups, en jetant dans le cul-de-sac des branches enflammées de sapin. La forêt flambait, la chair des fauves gré-

BIBLIOGRAPHIE

I) SOURCES

a) Manuscrites

Archives Départementales de l'Isère, 2920W 8-12, chasse et animaux nuisibles 1925-1963.
Archives Départementales de l'Isère, 6343 W 42, chasse aux loups, 1954.
Archives Départementales de l'Isère, L63, 1790, L 113 an IV, 126 an VI, p.195, n°818, 127 an VII, P. 178, n°861,173 an VI, n°324, 281 gratifications pour loups tués, certificats délivrés par les municipalités aux tueurs de loups de 1790-an IV, n°31-79, 313, compte de l'administration de l'Isère an III (1795), 336, an IV ,95-99, gratification pour loup tué.
Archives Départementales de l'Isère, 108 M 14, animaux tués entre 1852 et 1863.
Archives Départementales de l'Isère, 109M 1, destructions de loups anV-1824, louveterie.
Archives Départementales de l'Isère, 109M 2, nomination de louvetiers.
Archives Départementales de l'Isère, 147M1, animaux nuisibles an IX- 1849, 1843-1895.
Archives Départementales de l'Isère, 4G273, p.811, tome II, 1677-1678, visites pastorales de l'évêque LE CAMUS, notamment à Saint-Christophe en Oisans.
Archives Départementales de l'Isère, 1J380, OLLIVET, Chronique manuscrite, tome2, p.31, 1751-1770.
Archives Départementales de l'Isère, 17B12, 14, 48, 73, 86, 97, 109, 118, 120, 1751-1774.
Archives Départementales de l'Isère, 4 E22/5 ID, attaque d'un loup enragé à Bourg-d'Oisans, période révolutionnaire, 30 pluviôse an IX, an XIV.

Archives communales de Grenoble, CC574, CC572, CC 575/577, Moyen-Age.
Fond Chaper de la bibliothèque de Grenoble, HD43, vol.19 fond dauphinois.
Bibliothèque municipale de Grenoble Q4, tome 31, registres de lettres de province.

Bibliothèque municipale de Grenoble, R7906, vol.16, fond Pilot de Thorey, animaux féroces (XIII ^{e} -XIX ^{e}), 39 folios, recueils d'articles relatifs aux loups et aux lynx du Dauphiné, coupures de presse.
Archives communales de Beaurepaire, BB4.

Archives Départementales des Hautes-Alpes, EG 35, registres consulaires de Ceillac, 1793.
Archives Départementales des Hautes- Alpes, L 303, destructions de loups, an VIII.
Archives Départementales des Hautes- Alpes, L 302, gratifications pour destructions de loups, 1790-anVIII.
Archives Départementales des Hautes- Alpes, 4M 51, 1811-1888, primes pour destructions des loups.
Archives Départementales des Hautes-Alpes, 4M 52, 1908 à 1920.
Archives communales de Monieux, BB3 (1674-1707).

Archives Départementales de la Drôme M1476, 1477, 1478.

b) imprimées

ARISTOTE, *Histoire des animaux*, Paris, 1964-1969.

BUCHOZ (Joseph), *Méthodes vraies et faciles pour détruire les animaux nuisibles*, Paris, 1784.

BUFFON (Georges Louis Leclerc, comte de), *Histoire naturelle: Les Animaux*, Paris, 1758.

CARLIER (Abbé), *Traité des bêtes à laine ou méthode d'élever et gouverner les troupeaux aux champs et à la bergerie*, Paris, 1770, 2 vols.

CLAMORGAN (Jean de), *La chasse au loup nécessaire à la maison rustique*, Paris, 1574, dans La Maison Rustique de Estienne (Ch), et Liébaut (J), Paris, 1583, 1640.

DAUBENTON, *Instruction pour les bergers et les propriétaires de troupeaux*, Paris, 1782.

ESOPE, *Fables*, Paris, 1999.

FONTAINE (Jean de La), *Les fables*, Paris, 1668.

FORTIN (Frère F), *Les ruses innocentes...*, Paris, 1660.

FOUILLOUX (Jacques du), *La vénerie*, Paris, 1573.

FROMENT, *Essais sur l'incendie de sa patrie et les singularités des Alpes en la principauté du Briançonnais, 1639, chap. sur les ravages des loups*, Grenoble, 1868, rééd.

FROSTIER (M), *Chronique d'un bourgeois de Valence au temps de Mandrin*, Alençon, 1980.

GACE DE LA BUIGNE, *Le Roman des Deduis*, Paris, 1951.

GAFFET (Antoine), sieur de la Brifardière, *Nouveau traité de vénerie concernant la chasse du loup*, Paris, 1742.

GRUAU (L), *Nouvelle invention de chasse pour prendre et oster les loups de France*, Paris, 1613.

LANCRES (Pierre de), *Traité de chasse*, Paris, 1612.

LISLE DE MONCEL (De), *Mémoire sur l'utilité et la manière de détruire les loups dans le Royaume*, Paris, 1765.

, *Méthodes et projets pour parvenir à la destruction des loups dans le royaume*, Paris, 1768.

, *Résultats d'expériences sur les moyens les plus efficaces et les moins onéreux au peuple de détruire l'espèce des loups*, Paris, 1771.

MAGNE DE MAROLLES (G.D.), *La chasse au fusil*, Paris, 1788, chap 6, Du loup, p.257-265.

MAILLET (De), *Moyen à employer pour la destruction générale des loups en Europe*, Paris, 1810.

MONTHOIS (R), *La noble et furieuse chasse du loup*, Paris, 1642, rééd.1863 et 1865.

PERRAULT (Charles), *Contes*, Paris, 1697.

PHOEBUS (Gaston), *Le livre de la chasse*, Paris, 1931.

PLINE L'ANCIEN, *Histoire Naturelle des Animaux*, Paris, 1802.

ROZIER (Abbé), *Cours complet d'agriculture*, Paris, 1786.

SALNOVE (Robert de), *La vénerie royale*, Paris, 1665.

SAUSSURE (Horace-Bénédicte), *Voyage dans les Alpes*, Neufchâtel, 1779.

SELINCOURT (J. de), *Le parfait chasseur*, Paris, 1783.

TANNEGUY De COURTIVRON (Marquis), *Moyen facile de détruire les loups et les renards à l'usage des habitants de la campagne*, Paris, 1809.

TIREBARDE et FREMONT, *Projet d'établissement de louveteries nationales, sans frais par le gouvernement, nécessaires et très peu coûteuses à l'agriculture*, Rouen, 1798.

VALBONNAIS (Marquis de), *Histoire du Dauphiné et des Dauphinois illustres*, Paris, 1722.

VALMONT DE BOMARE, *Dictionnaire raisonné universel d'histoire naturelle*, Paris, 1775.

VILLESQUET, *Du droit de destruction des animaux malfaisants ou nuisibles*, Paris, sd.

c) Journaux d'actualité :

-Le Dauphiné Libéré
-Les Allobroges
-Le Progrès de Lyon
-Radar

d) Films d'actualité :

Gaumont, EJ 1954-55, Chasse au loup dans le Dauphiné, avec son et commentaire diffusé en salle.

Pathé, 1954 5 15 NU Chasse aux loups dans l'Isère, image sans son ni commentaire, jamais diffusé, chutes.

II) Outils de travail (manuels, dictionnaires...)

ABEL (W), *Crises agraires en Europe (XIIe- XXe siècle)*, Paris, 1973.

ABELSHAUSER (W), *Umweltgeschichte*, Göttingen, 1994.

ACOT (P), *Histoire de l'écologie*, Paris, 1988.

AGULHON (Maurice), «Le sang des bêtes : le problème de la protection des animaux en France au XIXe siècle», in *Histoire vagabonde*, t.1, Paris, 1988, p.243-282.

ALBERT-LLORCA (Marlène), *L'ordre des choses, savoirs naturalistes et pensée symbolique dans les récits étiologiques européens*, Paris, 1989.

ANTOINE (S.e.a.), *Ecrits francophones et environnement 1548-1900*, Paris, 1991.

ARDREY (R), *Le territoire*, Paris, 1966.

ARIES (Philippe), *L'homme devant la mort*, Paris, 1977.

ARQUILLIERE (A), *Contribution à l'étude des psychozoonoses et de la psycho-épidémiologie. Les animaux et la sorcellerie*. Thèse vétérinaire Lyon, 1978.

AUDOIN-ROUZEAU (Frédérique), *Hommes et animaux en Europe de l'époque antique aux temps modernes. Corpus de données archézoologiques et historiques*, Paris, 1993.

BARATAY (E), *L'Eglise et l'animal (France, XVIIe- XXe siècle)*, Paris, 1996.

BARRAL et SAGNIER, *Dictionnaire d'Agriculture, encyclopédie agricole complète*, Paris, 1889.

BAZIRE (P) et GADANT (J), La forêt en France, Paris, 1991.

BECK (M) et DELORT (Robert), *Pour une histoire de l'environnement. Travaux du programme interdisciplinaire de recherche sur l'environnement*, Paris, 1993.

BELEZE (G), *Dictionnaire universel de la vie pratique à la ville et à la campagne*, Paris, date indéterminée.

BELMONT (Nicole), *Mythes et croyances de l'ancienne France*, Paris, 1973.

BENNASSAR (Bartholomé), *Les catastrophes naturelles dans l'Europe médiévale et moderne*, Toulouse, 1996.

BERLIOZ (J), *Catastrophes naturelles et calamités au Moyen-Age*, Florence, 1998.

BERTRAND (G), «Pour une histoire écologique de la France rurale», in G. Duby et A. Wallon, *Histoire de la France rurale*, t.1, Paris, 1975, p.34-113.

BETTELHEIM (Bruno), *Psychanalyse des contes de fées*, Paris, 1976.

BIRABEN (JN), *Les hommes et la Peste en France et dans les pays méditerranéens*, Paris, 1975-76.

BLOCH (D), *Comme ça la sorcière ne me mangera pas. Les fantasmes et les peurs secrètes de l'enfant*, Paris, 1981.

BLOCH (Marc), *Les caractères originaux de l'histoire rurale française*, Paris, 1931.

BOEHLER (Jean-Michel), *La paysannerie en Alsace 1648-1789*, Strasbourg, 1993, Thèse, 3 tomes.

BRAUDEL (Fernand), *Civilisation matérielle, Economie et capitalisme XV-XVIIIe siècle*, Paris, 1979.

, *Les structures du quotidien : le possible et l'impossible*, Paris, 1979

, *L'identité de la France*, Paris, 1986.

BURGUIERE (A), *Paysages et paysans. Les campagnes européennes du Xe au XXe siècle*, Paris, 1991.

CADORET (A), (textes réunis par), *Protection de la nature. Histoire et idéologie. De la nature à l'environnement*, Paris, 1985.

CANTELOUBE (Joseph), *Anthologie des chants populaires français*, Paris, 1951.

CEARD (J), *La Nature et les Prodiges. L'insolite au XVIe siècle en France*, Genève, 1996.

Dr. CHENU, *Encyclopédie d'histoire naturelle*, Paris, 1851.

CHEVALLIER, *Dictionnaire des symboles*, Paris, 1969.

CHEVALLIER (Denis), NOTTEGHEM (Patrice), «Les relations homme-animal», *Des hommes et des bêtes*, 10, 1988 : 124-131.

COLARDELLE (M), (sous la dir. de), *L'homme et la nature au Moyen-Age. Paléoenvironnement des sociétés occidentales*, Paris, 1994.

COLUMEAU (Philippe), *L'animal pour l'homme*, Gap, 1991.

CORBIN (Alain), *Le miasme et la jonquille*, Paris, 1982.
, *Les cloches de la terre*, Paris, 1994.

CORVOL (Andrée), *L'homme et l'arbre sous l'Ancien- Régime*, Paris, 1986.
, *L'homme aux bois, Histoire des relations de l'homme et de la forêt*
XVIIe- XXe siècle, Paris, 1987.
, *Milieux naturels et identités culturelles*, Paris, 1993.
, *La nature en révolution 1750-180*, Paris, 1993.

DAVIS (N-Z), *Les Cultures du peuple. Rituels, savoirs et résistances au XVIe siècle*, Paris, 1979.

DELARUE (André), TENEZE (Marie-Louise), *Le conte populaire français*, Paris, 1970- 1976, 3 tomes.

DELEAGE (J-P), *Histoire de l'écologie. Une science de l'homme et de la nature,* Paris, 1991.

DELUMEAU (Jean), *La peur en Occident*, Paris, 1978.
, LEQUIN (Yves), *Les malheurs du temps. Histoire des fléaux et calamités en France du XIVe au XVIIe siècle*, Paris, 1987.

DESBRIERES (H), *Contribution à l'étude de l'utilisation des animaux dans les contes de Perrault, Grimm et Andersen*, Thèse vétérinaire, Lyon, 1983.

DEVEZE (Michel), *Histoire des forêts*, Paris, 1965.

DIAMOND (J), *De l'inégalité parmi les sociétés. Essai sur l'homme et l'environnement dans l'histoire*, Paris, 2000.

DICTIONNAIRE HISTORIQUE, CHRONOLOGIQUE, GEOGRAPHIQUE, GENEALOGIQUE, HERALDIQUE, JURIDIQUE, POLITIQUE et BOTANOGRAPHIQUE DU DAUPHINE, Guy Allard , conseiller du Roi, Grenoble, 1864.

DICTIONNAIRE DE L'ANCIEN REGIME, sous la dir. de Lucien Bély, Paris, 1996 ; article loups par Abel Poitrineau.

DICTIONNAIRE DU MONDE RURAL, sous la dir. de Marcel Lachiver, Paris, 1996.

DICTIONNAIRE DES SYMBOLES, sous la dir. D'Alain Gheerbrandt, Paris, 1969.

DICTIONNAIRE UNIVERSEL ET LATIN DE TREVOUX, Paris, 1771.

DIDEROT- D'ALEMBERT, *L'Encyclopédie ou dictionnaire raisonné des sciences, des arts et des métiers*, Neufchâtel, 1765.

Dr. DIDIER (Robert) et RODE (Paul), *Atlas des mammifères de France*, Paris, 1935.

DIGARD (J-P), *L'homme et les animaux domestiques. Anthropologie d'une passion*, Paris, 1990.

DONTENVILLE (H), *La France mythologique*, Paris, 1966.

DORST (Jean), *Avant que nature meure*, Neufchâtel, 1969.

DUBY (Georges), WALLON (Armand), *Histoire de la France rurale*, Paris, 1975.

DURAND (R), *L'homme, l'animal domestique et l'environnement du Moyen-Age au XVIIIe siècle*, Nantes, 1993.

ELIAS (Norbert), *La civilisation des moeurs*, Berlin, 1939, trad. Paris, 1987.

FERRO (Xosé Ramon Marina), *Symboles animaux*, Paris, 1985.

FERRY (Luc), *Le nouvel ordre écologique*, Paris, 1992.

FLANDRIN (Jean-Louis) et MONTANARI (M), (sous la dir. de), *Histoire de l'alimentation*, Paris, 1996.

FRESNAYE (De la), *Dictionnaire universel d'Histoire Naturelle* in d'Orbigny, Paris, 1847.

FREUD (Sigmund), *Introduction à la psychanalyse*, Paris, 1965.
, *L'Homme aux loups*, Paris, 1981.

FURETIERE (Antoine), *Dictionnaire universel*, Amsterdam, 1708.

GALTIER, *La rage*, Lyon, 1886.

GAMET (André), *La rage*, Que sais-je? (1520), Paris, 1973.
, LEPINE (P.), *Les maladies animales à virus. La rage*, Paris, 1969.

GUBERNATIS (Angelo de), *Mythologies zoologiques ou les légendes animales*, Paris, 1874.

GUILAINE (Jean), (sous la dir. de), *Premiers paysans du monde. Naissance des agricultures*, Paris, 2000.

GUTTON (Jean-Pierre), *Bruits et sons de notre société. Essai sur la reconstitution du paysage sonore*, Paris, 2000.

HARRISSON (Robert), *Forêts : Essai sur l'imaginaire occidental*, Paris, 1992.

HUMBERT (F), *La symbolique animale en héraldique*, Thèse vétérinaire Toulouse, 1980.

HUXLEY (Julian), *Le comportement rituel chez l'homme et de l'animal*, Paris, 1971.

KAPFERRER (Jean-Noël), *La rumeur, le plus vieux média du monde*, Paris, 1987.

KAPLAN (Steven), *Les ventres de Paris*, Paris, 1987.

KNAP (O), *L'animal dans la littérature fantastique du XIXe siècle*, Thèse vétérinaire, Lyon, 1984.

LACOTE (M), *Regards contemporains sur le bestiaire des contes de fées*, Thèse vétérinaire, Toulouse, 1980.

LEBRUN (Ch.), MOREL D'ARLEUX, *Traité de physiognomonie*, Paris, 1806.

LECOUTEUX (Claude), *Fées, loup-garous et revenants au Moyen-Age*, Paris, 1992.

LEROUX DE LINCY, *Le livre des proverbes français*, Paris, 1857.

LEROY (Philippe), *Des forêts et des hommes*, Paris, 1991.

LE ROY LADURIE (Emmanuel), *Histoire du climat depuis l'an mil*, Paris, 1967.

, *Histoire des paysans de France*, Paris, 2002.

LORENZ (Konrad), *L'agression, une histoire naturelle du mal*, Paris, 1977.

, *Les fondements de l'éthologie*, Paris, 1984.

, *L'homme dans le fleuve du vivant*, Paris, 1984.

, *Il parlait avec les mammifères*, Paris, 1985.

, *Sauvez l'espoir*, Paris, 1990.

MALSON (Lucien), *Les enfants sauvages, mythes et réalités*, Paris, 1964.

MAS (Xavier), Le*s Fables de La Fontaine et Hitler*, Paris, 1939.

MONET (P), «La rage en Basse- Alsace dans le dernier tiers du XVIIIe siècle», *Bulletin Académique*, 1979.

MUCHEMBLED (Robert), *La sorcière au village,* Paris, 1979.

, *Culture populaire et culture des élites dans la France moderne*, Paris, 1978, rééd 1991.

, *L'invention de l'homme moderne, Culture et sensibilités en France du XVe au XVIIIe siècle*, Paris, 1988.

, *Education et culture dans la France moderne*, Paris, 1991.

, *Une histoire du diable*, Paris, 2002.

, *Diable*, Paris, 2002.

MULLER (E), *Les animaux célèbres*, Paris, 1885.

PALOU (Jean), *La peur dans l'histoire*, Paris, 1958.

PELT (Jean-Marie), *L'homme renaturé*, Paris, 1977.

PITTE (Jean Robert*), Histoire du paysage français,* Paris, 1983.

PIVETEAU (J-L*), Temps du territoire. Continuités et ruptures dans la relation de l'homme à l'espace,* Genève, 1995.

PUJOL (Raymond), *L'homme et l'animal*, Paris, 1975.

RIBBENS (A), *Symboles animaux et fantasmes humains*, Thèse vétérinaire, Maison-Alfort, 1980.

RICHELET (Pierre), Dic*tionnaire de rimes*, Paris, 1754.

ROBIC (M-C), (sous la dir. de), *Du milieu à l'environnement. Pratiques et représentations du rapport homme/nature depuis la Renaissance*, Paris, 1992.

ROCHE (Daniel), *Le peuple de Paris*, 1981.

, *Histoire des choses banales*, Paris, 1997.

ROLLAND (Eugène), *Faune populaire de France*, Paris, 1877-1911, rééd. 1968.

ROLLET (G), *La rage au XIXe siècle en France. Aspects cliniques et épidémiologiques*, Paris, sd.

ROMEY (G), *Le test de l'Arche de Noé ; ce que révèlent nos attirances ou nos répulsions pour des animaux*, Paris, 1977.

ROUSSEAU (Michel), *Les procès d'animaux*, Paris, 1964.

SAINT-HILAIRE (Geoffroy), CUVIER (Frédéric), *Histoire naturelle des mammifères*, Paris, 1824.

SCHAMA (S), *Le paysage et la mémoire*, Paris, 1999.

SEBILLOT (Paul), *Le folklore de France*, Paris, 1907, 4 vols, rééd.1968.

SENGER (E), *Le bestiaire des fables de La Fontaine*, Thèse vétérinaire, Lyon, 1984.

SINGH (AL), ZINGG (R.M.), *L'homme en friche : de l'enfant-loup à Kaspar Hauser*, Bruxelles, 1980, traduction de Wolf children and feral man, New-York, 1942.

SIRE Michel, *La vie sociale des animaux*, Paris, 1960.

TERRASSON (François), *La peur de la nature*, Paris, 1986, réédité en 1991.

THEVENIN (R), *La faune disparue de France*, Paris, 1943.

TINLAND (Franck), *L'homme sauvage. Homo ferus et homo sylvestris*, Paris, 1968.

VARTIER (Jean), *Les procès d'animaux du Moyen-Age à nos jours*, Paris, 1970.

VIGARELLO (Georges), *Le propre et le sale*, Paris, 1986.
, *Histoire du viol*, Paris, 1998.

VILLEBOIS (G), *Les Enfants-loups et les animaux fantastiques*, Genève, Paris, 1980.

VILLENEUVE (R), *Loups-garous et vampires*, Paris, 1963.

VIREY (JJ), *Histoire des moeurs et de l'instinct des animaux*, Paris, 1822.

VIVIEN (L), *Cours complet d'agriculture ou nouveau dictionnaire d'agriculture*, Paris, 1840, 18vols.

WATHELET (Jean-Marc), *Dictons des bêtes, des plantes et des saisons*, Paris, 1985.

WEBER (Eugen), *La fin des terroirs, La modernisation de la France rurale*, Paris, 1983.

WENDT (H), *Les animaux*, Grenoble, 1958.

III) Ouvrages sur la chasse, la louveterie et les loups

AMIAUD (Georges), *La louveterie*, Paris, 1929.

ARLIE (Isabelle), *L'imaginaire lupin entre tradition et modernité : le cas de pays Gévaudan*, Mémoire de maîtrise Bordeaux, 1995.

AUCANTE (Mariecke et Pierre), *Les Braconniers*, Paris, 1983.

AYME (Marcel), *Les contes bleus du chat perché, le loup*, Paris, 1938.

BACHELARD (P), *En chassant des Vosges aux Carpathes*, Paris, 1947.

BAILLON (Jacques), *Nos derniers loups, les loups autrefois en Orléanais*, Orléans, 1989.

, *Essai de bibliographie du loup*, Paris, 1994.

BARDU (Roger), *La Louveterie et les lieutenants de louveterie*, Paris, 1974.

Dr. BARLIERE (F), *Vie et moeurs des mammifères*, Paris, 1951.

BARLOY (Jean-Jacques), «Sur la piste des derniers loups de France», *le Berger Allemand*, 30, 1981.

, *La peur et les animaux. De la légende à la réalité*, Paris, 1982.

, *Les survivants de l'ombre, enquête sur les animaux mystérieux*, Paris, 1985.

, «Rumeurs sur des animaux mystérieux, inattendus ou insolites en France», *Communications*, 52,1990, 197-218.

BARON DE JANTI, «La louveterie royale», *Bulletin de la Société de Vénerie*, octobre 1958.

BATTEN (H.Mortimer), *Au loup !*, Paris, 1953.

BAUDRILLART (M), *Traité général des eaux et forêts, Chasses et pêches. Dictionnaire des chasses*, Paris, 1834.

BEAUFORT (François de), *Le loup en France : éléments d'écologie historique*, Paris, 1987.
, *Ecologie historique du loup*, Thèse, Rennes, 1988.

BEAULIEU (François de), «Le loup dans les traditions de Bretagne», *Skol Vreiz*, 31,1994, 1-83. (A voir le Musée du loup au cloître Saint-Thegonnec en Bretagne).
, *Quand on parle du loup en Bretagne*, Brest, 2004.

BELLIER de VILLIERS (E), *Les langages de la vénerie ou recueil des adages, dictons et termes de chasses à cors et à cris avec leurs acceptations usitées de nos jours*, Paris, 1904.

BENECH (Jean Emmanuel), *Fauves de France, Les livres de nature*, Paris, 1946.
, *Les derniers loups de France*, Paris, 1954.
, «Distribution du loup au temps jadis», *le Saint-Hubert*, 1957.

BERIRAT- SAINT-PRIX (Charles), *Législation de la chasse et de la louveterie*, Paris, 1845.

BERNARD (Daniel), *L'homme et le loup*, Paris, 1981
, *La fin des loups en Bas-Berry*, Paris, 1991.
, *Des loups et des hommes. Histoire et traditions populaires*, Clermont-Ferrand, 2000.

BERTIN (Léon), *La vie des animaux*, Paris, 1949-1952.

BERTIN (Maxime), *La louveterie*, Paris, 1930.

BERTINO (Serge), *Les animaux sauvages d'Europe*, Paris, 1963.

BERTON (J), «Les derniers loups de France», *Nos Chasses*, Août 1984.

BITON (Sylvie), *Les loups dans l'Yonne*, Ancy-le-Franc, 1992.

BLAKE (Mickaël), *Danse avec les loups*, Paris, 1988.

BLANCHON (H. Alphonse), *L'art de détruire les animaux nuisibles*, Paris, 1899, 1922 rééd.

BLAZE (Elzear), *Le chasseur au chien courant*, Paris, 1838.
, *Le chasseur au chien d'arrêt*, Paris, 1848.

BOBBE (Sophie), *Du folklore à la science. Analyse anthropologique des représentations de l'ours et du loup*, Thèse soutenue en 1998 à l'EHESS à Paris.
, «Les nouvelles cultures du sauvage ou la quête de l'objet manquant. Etat de la question», *Ruralia*, 7,2000, 159-173.
, *L'ours et le loup. Essai d'anthropologie symbolique*, Paris, 2002.

BODSON (Liliane), *Animaux perdus, animaux retrouvés : réapparition ou réintroduction en Europe occidentale d'espèces disparues de leur milieu d'origine*, Liège, 1999.

BOISROT DE LACOUR, *Traité sur l'art de chasser avec les chiens courants*, Paris, 1898.

BOITANI (Luigi), *Dalla parte del lupo*, Milan, 1986.

BONNEFONS (N. de), *Traités des chasses de la vénerie et de la fauconnerie*, Paris, 1681.

BORDONOVE (Georges), *Le vieil homme et le loup*, Paris, 1985.

BOST- LAMONDIE (J), *Harloup* !, Poitiers, 1951.
, *Ecoute en tête !, Souvenirs de vénerie*, St Amand-Montrond, 1990.

BOURCIER (F), *La vénerie du loup*, Thèse Ecole Nationale de Vétérinaire de Toulouse, 1990.

BOUVIER (A), *Les animaux de la France*, Paris, 1866.

BRADIER (P), *Représentation populaire du loup, sa réhabilitation, son avenir*, Thèse vétérinaire Maison-Alfort, 1985.

BREHM A.E, *La vie des animaux illustrée, Les mammifères*, tome 1, Paris, 1869.

BRISEBARRE (A.M), *Le berger*, Paris, 1980.
, (JJ), *Les loups*, Paris, 1982.

BROCHIER, *Anthologie du loup et autres carnassiers*, Paris, 1991.

BRODU (Jean-Louis), «Fauves et usages des fauves», *La Mandragore. Revue des littératures orales*, 5, 1999 :91-107.
, MEURGER (Michel), *Les félins-mystère. Sur les traces d'un mythe moderne*, Paris, 1984.

BRUNETAUD (M), *Le loup, mythes et réalités*, Thèse vétérinaire, Maison- Alfort, 1984.

BURLE (René), Aix- en- Provence, *Entre hommes et loups*, Aix-en-Provence, 1993.

BURNOND (T), *La chasse*, Paris, 1977.
, *Dictionnaire de la chasse*, Paris, 1979.

BURTON (R.G.), *Les Mangeurs d'hommes*, Paris, 1932.

CALVO- DANCETTE- ZIMMERMANN, *La Bête est morte. La guerre mondiale chez les* animaux, Paris, 1944.

CAMPION- VINCENT (Véronique), *Des fauves dans nos campagnes*, Paris, 1992.
, «Les réactions au retour du loup en France. Une tentative d'analyse prenant les rumeurs au sérieux», *Le Monde Alpin Rhôdanien*, 2002, 11
, RENARD (Jean-Bruno), *De source sûre, Nouvelles rumeurs d'aujourd'hui*, Paris, 2002.

CARBONE (Geneviève), *La peur du loup*, Paris, 1991.
et Le Pape (Gilles), *L'Abécédaire du loup*, Paris, 1996.
, *Les loups*, Paris, 2003.

CARR (D), *La grande leçon sexuelle des animaux*, Paris, 1973.

CARTRAUD (J), BOUSSIN (A), « Réponses à une recherche d'informations intitulée les loups et la louveterie», *L'Intermédiaire des chercheurs et curieux*, 1981.

CATALOGUE D'EXPOSITION DE GIEN. Musée International de la chasse, Le loup, Gien, 1992.

CAZENEUVE DE LA ROCHE Yvon, *La vénerie royale et le régime des capitaineries au XVIIIe siècle*, Paris, 1926.

CHABROL (Brigitte), *Histoire de la vénerie française*, Paris, 1971.

CHAIGNEAU (A), *Moins de nuisibles, plus de gibiers*, Paris, 1935.
, *Les habitudes du gibier*, Paris, 1947.

CHALMEL (Gaston), *Le loup, fanfare de chasse*, slnd.

CHAMASSON (Luc), *La guerre au loup*, Thèse de Pharmacie-Histoire soutenue à l'Université d'Aix- Marseille 2 en 1992.

CHAUVET (Jean-Yves), *Les loups en Lorraine*, Roanne, 1986.

CHAVANNE, *Faune et chasse en montagne*, Paris, 1954.

CHEVALLEY (Abel), *La Bête du Gévaudan*, Paris, 1936.

CHRISLER (Loïs), *Chasseurs d'images en Alaska*, Paris, 1960.
, Mon amie Alatna, Paris, 1969.

CHRISTOPHE (E), *Vénerie, Fauconnerie, Louveterie, historique, technique, terminologie*, Paris, 1910.

CLAMART (J.A), *Soixante années de chasse. Pratiques de la chasse*, Paris, 1866.

CLARY (J), «Mille ans de chasse à courre», *Historama*, sd.

CLEMENT (J), *La louveterie*, Paris, sd.

COROFF- POTIGNY (Sylvie), *La chasse aux loups en Marche et en Haut- Limousin aux XVIIIe et XIXe siècles*, Mémoire de la faculté de Lettres de Clermont-Ferrand, 1980.

CORNOU (Jakez), «Les derniers loups de Bretagne», *Dihun,* 5, 1989 : 12.

Dr. CORSON (Jean-Pierre), «Une vie de loup, compagnon des premiers hommes», *Connaissance de la chasse*, sd.

COUPIN (H), «Le piégeage du loup», *La Nature*, 1899.
, *Les animaux légendaires*, Paris, 1935.

CUSSAC (Jean), *Aviceptologie française*, Paris, 1813.

CURWOOD (James Oliver), *Bari chien-loup*, Paris, 1920.
, *Les chasseurs de loups*, Paris, 1926.
, *Kazan*, Paris, 1937.

DAUDET (Alphonse), *Les lettres de mon moulin*, Paris, 1869.

DAVIES (Franck), *Chasse aux loups et autres chasses en Bretagne*, Paris, 1912, réédition de 1985.

DECONCHAT (C), *Bibliographie du loup*, Paris, 1972.

DE FOUDRAS (Marquis Théodore de), *Chanteloup ; épisodes et romances sur le loup, ses mœurs et sa chasse*, Paris, 1997.
, *La vénerie contemporaine*, vol 1 des *Œuvres cynégétiques complètes*, Paris, 2000.

DELACOUR (A), *Gibiers de France*, Paris, sd.

DE LA FUENTE (F Rodriguez), *Encyclopédie de la Faune*, Paris, 1971.
, *Le loup, La Faune Encyclopédie* (vol.6), Paris, 1972.

DE LA RÜE (Adolphe), *Animaux sauvages, leurs moeurs, manière de les chasser*, Paris, 1860.
, *Album du chasseur*, Paris, 1860.
, *Les chasses du Second-Empire*, Paris, 1872.
, Les animaux nuisibles, Paris, 1890.

DELORT (Robert), «la guerre du loup», *L'Histoire*, 53, février 1983 : 6-14.
, *Les animaux ont une histoire*, Paris, 1984.
, Histoire de l'environnement, Paris, 2001.

DEMARD (Albert et Jean-Christophe), *Le chemin des loups*, Langres, 1978.

DEMOLE (Edouard), *Chasse et gibier de montagne*, Paris, 1948.

DESCOMBES (Robert), *Ces bêtes mal aimées*, Rennes, 1981.

DESGRAVIERS (A), *Le parfait chasseur. Traité général de toutes les chasses*, Paris, 1810.

DESPLAT (Christian), «Présence et images du loup en Béarn aux XVIIe et XVIIIe siècles», *Acta Biologica montana n° 1*, 1982. Grande faune sauvage des montagnes d'Europe et écosystèmes d'altitude sous la dir. de Claude Dendaletche.

DIGUET (Charles), *Le livre du chasseur*, Paris, 1881.
, *Les ennemis du gibier*, Paris, 1885.
, *La chasse en France*, Paris, 1896.

DHOMP (G), *Formes, fonctions et valeurs de la chasse aux loups*, Mémoire de Maîtrise. Faculté de lettres et sciences humaines de Pau, 1988.

DUCHARTRE (PL), *Dictionnaire analogique de la chasse*, Paris, 1973.

DUCTOU (Denis), *Le complexe du loup-garou*, Paris, 1994.

DUGAS DE LA BOISSONY (Christian), *L'Intendant de Franche-Comté et la destruction des loups de 1775 à 1790*, Paris, 1980.

DUMAS (Alexandre), *Le meneur de loups*, Paris, 1856.

DUNOYER DE NOIRMONT (Baron), *Histoire de la chasse en France depuis les temps les plus reculés jusqu'à la Révolution,* 3 vols, Paris, 1867.

DUPUY-MAZEL, *Le miracle des loups*, Paris, 1923.

EBLE (J), *Gibiers d'Europe*, Paris, 1952-1954.

ECKELS (Preston Richard), *Greek Wolf-lore*, Philadelphie, 1937.

EDMARD (G), *Vénerie, louveterie, fauconnerie*, Paris, 1910.

EIZNER (Nicole), *L'imaginaire de la chasse. Hier et demain*, Châlon sur-Saône, 1988.

ERCKMANN-CHATRIAN, *Hugues le loup*, Paris, 1962.

ESTANG (Luc), *Le loup meurt en silence*, Paris, 1984.

ESTEVE (Charles), «Les tentatives de limitation et de régulation de la chasse en France dans la première moitié du XIXe siècle», *la Revue Historique,* 601,1997.

ETTER, (T.M), *Untersuchung zur Ausrottungsgeschichte der Wolfes in der Schweiz und den benachhanten Gebieten der Auslander*, ZÜRICH, 1992;

FABRE (Abbé), *La Bête du Gévaudan*, Saint-Flour, 1901.

FABRE (N), «Mémoire sur la manière la plus sûre et la plus simple de détruire les loups», *le Journal des Landes*, 6 juillet 1807.

FAIVRE (René), *Le temps des loups*, Paris, 1979.

FARRAN (J.M), *La Bête du Gévaudan*, Thèse vétérinaire, Lyon, 1982.

FEUILLEE- DIDOT (A), «Les derniers loups de France», *La Nature,* 60,1932.

FEVAL (Paul), *Le loup blanc*, Paris, 1856.

FIRMIN DIDOT, *Les loups et la louveterie*, Paris, 1899.

FOUGEYROLLAS (Claude-André), *Bibliographie du loup, espèces et sous espèces*, Niort, 1972.

, «Le loup, proverbes, locutions», *Plaisirs de la chasse*, février 1974.

, *Rendez-vous avec les loups*, Montpellier, 1989.

FROST (BJ), *Book of the were-wolf*, Londres, 1973.

GARCON (Maurice), *Histoires curieuses de loups-garous*, Paris, 1979.

GARNIER (J), *Bêtes fauves et cours royales*, Paris, 1966.

GARNIER (Pierre), *La chasse du loup en France,* Paris, 1878.

GENEVOIX (Maurice), *Raboliot*, Paris, 1925.
, *Le Bestiaire enchanté*, Paris, 1969.
, «Quand hurlent les loups», *La vie des bêtes,* 1970, 143, 31.

GERIN- RICHARD (Henri comte de), *La louveterie*, Paris, 1900.

GERVAIS (P), *Histoire naturelle des mammifères*, Paris, 1854.

GIONO (Jean), *Un roi sans divertissement*, Paris, 1948.

GIRARD (M), *Catalogue raisonné des animaux utiles et nuisibles de la France*, Paris, 1879.

GIRAUDEAU, LELIEVRE, SOUDEE, *La chasse, suivie de la louveterie, le droit sur le gibier*, Paris, 1882.

GOLTSCHALK (Bernard), «Les loups du Devoluy, ou le mythe du sanguinaire», *Devoluy Magazine,* 2,1989.

GRASSE (Pierre Paul), *La vie des animaux*, Paris, 1972.
, *Traité de zoologie*, tome 16, Paris, 1982.

GRIMM (W.J), *Contes*, Paris, 1812.

GRIZNECK, *Le monde animal*, 13 vols, Paris, sd.

HAINARD (Jacques), KACHR (Robert), *Des animaux et des hommes*, Neufchâtel, 1987.

HAINARD (Robert), *Mammifères sauvages d'Europe*, Neufchâtel, 1948.

HAMEL (F), *Les animaux humains: loup-garous*, Paris, 1972.

HAVARD (Christian), *A la rencontre du loup*, Paris, 1985.

HELL (Bertrand), *Entre chien et loup, Faits et dits de chasse dans la France de l'Est*, Paris, 1985.

, *Le sang-noir, chasse et mythe du sauvage en Europe*, Paris, 1995.

HESSE (Hermann), *Le loup des steppes*, Paris, 1947.

HETTIER DE BOISLAMBERT (A-J), *A travers bois*, Paris, 1968.

, *Les grands trophées d'Europe*, Paris, 1978.

JEANNIN (Dr A), *Les dernières grandes bêtes sauvages d'Europe*, Paris, 1965.

, *Loups et chiens sauvages*, Paris, 1969.

KEMPF (Christian), *Le retour des seigneurs de nos forêts d'Europe*, Paris, 1987.

KIPLING (RUDYARD), *Le livre de la jungle*, Londres, 1899.

, *Le Second livre de la jungle*, Paris, 1987.

, *A la rencontre du loup*, Paris, sd.

, *Le fils du loup*, Paris, 1976.

, *Mowgli enfant loup*, Paris, sd.

, *Les frères de Mowgli*, Paris, 1977.

LA CHEVASNERIE, *Gibier et chasses d'Europe*, Paris, 1939.

LAINE, *Instruction pour la destruction des loups*, Paris, 1818.

LA LOUVETERIE, *La destruction des animaux nuisibles*, Paris, 1925.

LANDRY (Jean-Marc), *Dictionnaire du loup*, Paris, 2001.

, *Pourquoi craindre le loup ?,* Grolley, 2002.

LAVALADE (Yves), *So ditz lo lop : Le loup en Limousin : réel et imaginaire*, sd, 1985.

LA VALLEE (J), «Chasse au loup dans les panneaux», *Journal des chasseurs,* mai 1841.

, *La chasse à courre en France*, Paris, 1856.

LAVERY (Bruce), *Le loup-garou*, Paris, 1969.

LAWRENCE (Ronald Douglas), *L'appel du loup*, Paris, 1972.
, *Coeur de loup*, Paris, 1981.
, *Mes frères les loups*, Paris, 1983.

LE COUTEULX DE CANTELEU (Baron J.E.H), *La chasse du loup*, Paris, 1861.
, *Manuel de vénerie française*, Paris, 1890, rééd. 1986.

LEGER (Jack- Alain), *Autoportrait du loup*, Paris, 1982.

LENOBLE- PINSON (Michèle), *Poil et plume : termes de chasse et langue : vénerie et fauconnerie*, Paris, 1989.
, *Le langage de la chasse, Gibiers et prédateurs. Etude du vocabulaire français de la chasse au XXe siècle*, Bruxelles, 1977.

LE ROY (Eugène), *Jacquou le Croquant*, Paris, 1948.

LEROY (MM), *La représentation du loup dans les traditions populaires d'Europe, Analyse de quelques thèmes récurrents à travers les rites, les croyances et les légendes*, UFR de Sciences Sociales, Strasbourg, 1976.

LESLIE (R.F), *L'Indien et la louve*, Paris, 1978.
LESSON (RP), *Manuel de mammalogie ou Histoire Naturelle des Mammifères*, Paris, 1827.

LEVALOIS (Christophe), *Le symbolisme du loup*, Paris, 1986.

LEVY (Corinne), *La peur du loup, origine et évolution*, Thèse de l'Ecole Nationale Vétérinaire de Lyon, 1988.

L'Info-loups, bulletin d'information du programme Life-Nature «Le retour du loup dans les Alpes françaises».

L'Intermédiaire des chercheurs et curieux, XVI : 294 et 406.

LISAK (Frédéric), *Le loup: la véritable histoire d'un mal aimé*, Paris, sd.

LOEVENBRUCK (Philippe), «La question du loup», *Naturalia*, Novembre 1954.
, *Les animaux sauvages dans l'histoire*, Paris, 1955.

LOIRE (Christophe), *Le loup à la fin du XXe siècle*, Thèse vétérinaire, Lyon, 1984.

LONDON (Jack), *L'appel de la forêt*, Londres, 1903.
, *Croc-Blanc*, Londres, 1906.
, *L'appel sauvage*, Paris, 1986.
, *Le fils du loup*, Paris, 1991.

LOPEZ (Barry), *Des loups et des hommes*, New-York, 1978.

LOUDE (Jean Yves), *Les loups du Val d'Enfer*, Lyon, 1992.

LOUIS (Michel), *La bête du Gévaudan. L'innocence des loups*, Paris, 1992.

MAINOLDI -MARELLI (Carla), *L'image du loup et du chien dans la Grèce ancienne d'Homère à Platon*, Thèse soutenue à l'Université Marc Bloch de Strasbourg, 1982.

MAISONNEUVE (Fournier), *Le loup dans le monde gréco-romain*, Thèse soutenue à l'université de Paris, 1985.

MALTIER (L), *Le loup, ses moeurs, sa destruction et sa chasse en France*, Thèse de la faculté de médecine de Toulouse, 1948.

MANGIN (Arthur), *L'homme et la bête*, Paris, 1872.

MARILLIER (Bernard), *Le loup*, Paris, 1996.

MAUDUIT (A), *La louveterie au XXe siècle*, Maîtrise d'histoire de l'Université d'Orléans, 1984.

MAUPASSANT (Guy de), *Le loup*, Paris, 1891.
, *Dix contes de chasse*, Paris, sd.
, *Clair de lune*, Paris, 1926.
, *Contes fantastiques complets*, Verviers, 1978.

MECH (David), *The wolves of Isle Royale*, New-York, 1966.
, *The Wolf: the ecology and behavior of an endangered species*, New-York, 1970.
, *Le loup blanc, une vie dans l'Arctique*, Paris, 1989.

MEGNIN, «La chasse du loup», *La Nature*, 1,1892.

, *Gibiers rares de France*, Paris, 1942.

MELOCHE (J), *Histoire naturelle des carnivores de France. Une anthologie*, Paris, 1996.

MELOTTE DE LAVAUX (Adrien), *Le loup dans la légende et dans l'histoire*, Liège, 1938.

MENATORY (Anne), *L'art d'être loup*, sl, 2004.

MENATORY (Gérard), «La destruction des loups à travers les âges», *Revue nationale de la chasse,* Janvier 1968, fasc.245, p.14-17.
, *La vie des loups*, Paris, 1969.
, *La Bête du Gévaudan*, Marvejols, Mende, 1968, 1976, rééd.1984.
, *Le loup du mythe à la réalité*, Marvejols, 1987, rééd. Paris, 1990.
, *Atlas : les loups comment vivent-ils ?,* Lausanne, 1991.

MENATORY (Hugues), *La Bête du Gévaudan,* Portet sur Garonne, 1987.

MENEAULT(E), *L'intelligence des animaux*, Paris, 1868.

MERITE (Edouard), *Les pièges, étude sur les engins de capture utilisés dans le monde*, Paris, 1942.

MERSAN (De), *Manuel du chasseur*, Paris, 1828.

MERY (F), *Les animaux célèbres*, Paris, 1964.

MILIN (Gaël), *Les chiens de Dieu : La représentation du loup-garou en Occident XI-XXe siècles*, Brest, 1993.

MOLINIER (Alain), «Environnement et Histoire, les loups et l'homme en France», *Revue d'Histoire Moderne et contemporaine,* 28 avril 1981.
, «Etat des recherches sur les loups en France (fin XVIIIe siècle-début XIXe siècle) », Colloque Histoire et Animal, Toulouse, mai 1987.
, *Histoire de l'environnement du XV au XVII ^e^ siècle*, Paris, 1991. Thèse d'histoire.

MOWAT (Farley), *Mes amis les loups*, Paris, 1974.

MUYARD (Frédéric), *Les loups et la loi du XIVe siècle à nos jours, Histoire d'une hantise populaire*, Paris, 1998.

NACHBACH- BAILLY (C), *L'histoire du loup en Lorraine*, Thèse vétérinaire, Maison-Alfort, 1984.

OBERTHUR (Joseph), *Gibiers de notre pays*, Paris, 1947.
, *Grands fauves et autres carnassiers*, Paris, 1947.
, *Animaux de vénerie, Chasse aux chiens courants*, Paris, 1947.

OKARMA (H), *Le loup en Europe*, Paris, 1996.

ORTALLI (G), Lupi genti culture. Uomo e ambiente nel medievo, Turin, 1997.

PAIRAULT (A), *Nouveau dictionnaire des chasses, Vocabulaire complet des termes de chasse anciens et modernes*, Paris, 1885.

PARDE (Jean), « Il y a cent ans les loups en France », *Revue forestière de France*, 41,1989.

PAUL (M), *Wolf, Fuchs, und Hund bei der Germanien*, Vienne, 1981.

PARENT (E), *Le livre de toutes les chasses, Dictionnaire encyclopédique du chasseur*, Paris, 1866.

PERRIER (R), *La faune de la France illustrée*, Paris, 1924.
, *Fauve de la France*, Paris, 1924.

PETITBIEN (Théodore), *La louveterie*, Nancy, 1874.

PFEIFFER (Thomas), «Quand les lieux du loup parlent à la mémoire des hommes dans la vallée de la Mossig», *Pays d'Alsace*, III, 2003.
, «Une tradition en Dauphiné : Les Brûleurs de loups», *La Pierre et l'Ecrit*, 15, 2004.
, «Le loup en Alsace de mémoire d'homme», *Revue d'Alsace*, t.132, 2006.

PIC (Xavier), *La Bête qui mangeait le monde en pays de Gévaudan et d' Auvergne*, Paris, 1971.

PINSON (Michel), *La chasse à courre : ses rites et ses enjeux*, Paris, 1995.

PLANCHON (A), *L'art de détruire les animaux nuisibles,* Paris, 1899.

PONT BRIAND (De), «La louveterie, cette vieille institution mal connue», *Le Saint-Hubert*, Août 1976.

POURCHER (Abbé), *Histoire de la Bête du Gévaudan, véritable fléau de Dieu, d'après les documents inédits et authentiques*, Saint-Martin de Boubaux, 1889.

PRETRE (Bernard), *Le grand retour du loup*, Saint- Gingolph, 1999.

PUTON (F. Alfred), *La louveterie et la destruction des animaux nuisibles*, Nancy, 1872.

RAGACHE (Claude), *Les loups en France, légendes et réalités*, Paris, 1981.

, *Le retour des loups*, Paris, 1990.

REVUE SCIENTIFIQUE, La destruction des loups en France, 68 (1891).

RICHARD (J), «Les loups et la communauté villageoise», *Les Annales de Bourgogne*, tome 21, n° 84,1949 : 284-296.

ROBY, *Les bêtes vivantes celles qui disparaissent de France*, Paris, 1961.

, *Les loups*, Paris, 1968.

ROLLINAT (Raymond), «Le loup commun», *Revue d'Histoire Naturelle*, 4, vol.10, 1929.

ROMATIER (Laurence), *Le loup, la rage, l'homme*, Thèse vétérinaire, Toulouse, 1987.

SALVADORI (Philippe), *La chasse sous l'Ancien- Régime*, Paris, 1996.

SAND (George), *Légendes rustiques du Berry*, Paris, 1858.
, «De la République lupienne», *La vie d'un moineau de Paris*, Paris, sd.

SAINT- VINCENT (Bory de), *Instinct et moeurs des animaux*, Paris, 1833.

SAVAGE (Candace), *Le loup*, Québec, 1989.
, *L'univers du loup*, Québec, 1996.

SCHENKEL (R.), *Ausdrucks- Studien an Wôlfen, Behaviour*, Vienne, 1947.

SEIGNOLLE (Claude), *Le Gâloup*, Paris, 1960.
, *Marie la louve*, Paris, 1963.
, *Le meneur de loups*, Paris, 1979.

SOUHAUT (R), *Bibliographie générale des ouvrages sur la chasse*, Paris, 1886.

STATISTIQUES DE DESTRUCTION DE LOUPS, dans La Nature, (1900), 1er et 2ème semestre.

STEWART (Carolyn Talor), *The origin of the were-wolf superstition*, sl, 1909.

STOCKER (Bram), *Dracula*, Londres, 1889.

SUMMERS (M), *The were-wolf*, Londres, 1933.

SYLVESTRIS (Abbé Monier), «Les fosses à loups», *La Liberté*, 21 janvier 1952.

THIEBAUD (J), *Bibliographie es ouvrages français sur la chasse*, Paris, 1934.

TOUSSENEL (A), *L'esprit des bêtes*, Paris, 1853.
, *Histoire des misères et des fléaux de la chasse en France*, Paris, 1863.

TREMBLOT DE LA CROIX (H), et TOLLU (B), *Deux siècles de vénerie à travers la France* (Tome 1à 3), Chantilly, 1988-1991.

TRIAL (G), «Les derniers loups de France», *Cahiers de la chasse*, 15,1953, 21, 1955.

TRIN (Antoine, abbé), *Les loups dans la légende et dans l'histoire*, Rodez, 1980.

TRIPIER (S), «Les derniers loups de France», *Revue d'histoire Naturelle appliquée*, 9,1926.

Dr. TROUESSART, *Histoire naturelle de la France*, Paris, 1882-1884, 2 vols.

VAULTIER (R), «Les loups en France vers 1820», *Saint-Hubert*, 51,1952.

VERARDI (M), *Nouveau manuel complet de destructeur des animaux nuisibles*, Paris, 1852.

VERLAINE (Paul), *Les loups*, Paris, 1856.

VIALAR (Paul), *Le roman des bêtes de chasse*, Paris, 1959.

VIAN (Boris), *Le loup-garou*, Paris, 1947.

VIARDOT (Louis), *Souvenirs de chasse dans toute l'Europe*, Paris, 1985.

VICTOR (Paul -Emile) et Jean Larivière, *Les loups*, Paris, 1980.
, *L'Empire des loups*, Paris, 1991.

VIDRON (François), *La chasse à courre, Paris*, Que sais-je (610), 1953.
, *La vénerie royale au XVIIIe siècle*, Paris, 1953.

VIGNY (Alfred de), *La mort du loup*, Paris, 1843.

VILLATTE DES PRUGNES (R), «Harloup! », *Le Saint-Hubert*, octobre 1934.
, *Les chasses à courre*, Moulins, 1948.
, *Les chasses au bois*, Moulins, 1949.

YOUNG (S.P), GOLDMAN (E.A), *The Wolf of North-America,* New-York, 1944.

ZEDROSSER (A), *Der Wolf in Österreich. Historische Entwicklung und Zukunftsaussichten*, Vienne, 1996.

ZIMEN (Eric), *Der Wolf : Mythos und Verhalten*, Vienne, 1978.
, *Der Wolf, Verhalten, Oekologie und Mythos*, Munich, 1993.

IV) Ouvrages concernant le Dauphiné

ALMANACH DU VIEUX DAUPHINOIS, *Le loup de Morestel* dans, (1971), p.74-75.

ALMANACH DES GENS DU DAUPHINE 2000, Claude Muller, Grenoble, 2000.

ALPINUS (Henri Faige-Blanc), *La chasse alpestre en Dauphiné*, Grenoble, 1873-74, réédité en 1949 chez Arthaud.

ANONYME, «Contribution à l'étude de l'origine de l'expression «Brûleurs de loups», *l'Impartial Dauphinois,* 04 septembre 1864.

ARCHE (Philippe), *Le Dauphiné d'antan*, Voreppe, 1990.

ARMAND (Yves), *Dauphiné terres de merveilles, histoire générale et singulière des 7 merveilles du Dauphiné*, Lyon, 2000.
, *Contes et récits du pays Picaban, Vif et la vallée de la Gresse,* Grenoble, 1986.

ARISTIDE (Albert), *L'Oisans, Essai descriptif*, Grenoble, 1854.

BATFROI (Séverin), *Histoire secrète des Alpes: Dauphiné, Savoie, Val d'Aoste*, Paris, 1981.

BEAUP (Aimé), *Histoire de Trièves*, Marseille, 1977.

BELLET (abbé Charles), *Histoire du cardinal Le Camus, évêque et prince de Grenoble*, Paris, 1896.

BERLEPSCH, *Die Alpen in Natur und Lebensbildern*, Jena, 1885.

BERRET (Paul), *Légendes et contes du Dauphiné*, Grenoble, 1903 Nombreuses rééditions sous le titre Au pays des Brûleurs de loups, Contes et légendes en Dauphiné, Paris, 1924, 1925, 1937, 1938, 1963.
, *Les Alpes Pittoresque,* 15/04/1907.
, *Le Dauphiné*, Paris, 1928.

BLANCHET (Hector), CHARBOT (Nicolas), *Dictionnaire des patois du Dauphiné*, Grenoble, 1864.

BORNECQUE (Robert), *Histoire du Dauphiné*, Paris, 1980, rééd. Paris, 1991.

BOSQUET (Luce), *Contes et légendes du Dauphiné*, Paris, 1955.

BOURNE (Auguste), *Description pittoresque de la Grande-Chartreuse, souvenirs historiques de ses montagnes et de son couvent…*, Grenoble, 1853.

Bulletin de la société Dauphinoise d'Ethnologie, Grenoble, 1894, tome1, Dr. Bordier

Bulletin de la société de Statistiques des sciences naturelles et des arts industriels du département de l'Isère, 5vols, Grenoble, 1840-1848.

CHABERT- DALIX (Lydia), *Contes et récits légendaires en Vercors*, Lans-en-Vercors, 1998.

CHABRAND (Armand), *Vieilles coutumes et traditions briançonnaises*, Grenoble, 1901.

CHAIX (Barthélemy), *Préoccupations statistiques, géographiques, pittoresques et synoptiques des Hautes-Alpes*, Grenoble, 1845.

CHAMPOLLION-FIGEAC, *Nouvelles recherches sur les patois et en particulier sur ceux de l'Isère*, Paris, 1809.

CHAPER (Eugène), «Mgr. Le Camus, cardinal-évêque de Grenoble (1671-1707)», *Bulletin d'histoire ecclésiastique et d'archéologie religieuse des diocèses de Valence, Digne, Gap, Grenoble et Viviers*, Montbéliard, 1883.

, *Recueils de documents relatifs à l'histoire politique, littéraire et scientifique du Dauphiné*, Grenoble, 1881-1886.
, *Histoire abrégée du Dauphiné*, 1626-1826, Grenoble, sd.

CHARVET, *Faune de l'Isère dans Statistique générale de l'Isère*, tome II, (1846).

CHATILLON (H), «Echos concernant les loups dans les Basses-Alpes et l'Isère», *La Chasse Illustrée*, du 06 au 23 novembre 1869; 18 juin 1870.

CHETAIL (Joannnès), *Aspects historiques du Bas-Dauphiné*, Lyon, 1983.
, *Histoire du Bas-Dauphiné*, Lyon, 1988.

CHEVALLIER (P) et Couailhac (M-J), *Les Dauphinois et leurs forêts aux XVIIIe et XIXe siècles*, Grenoble, 1991.

CHORIER (Nicolas), *Histoire générale du Dauphiné*, Grenoble, 1878.

CLOPIN (A), «Des loups en Dauphiné», *Rive gauche*, 1992.

COCHARD, «Proverbes lyonnais», dans *les Archives historiques et statistiques du Rhône*, 14vol, Lyon, 1825.

COCHET (René), *Les loups, nos ennemis de toujours, nos ancêtres les Brûleurs de loups*, non édité ni paginé, disponible au Muséum d'Histoire Naturelle de Grenoble.

COFFANO (Gilbert), *Dauphiné mystérieux et légendaire*, Montmélian, 1999, 3 tomes.

COMBY (Louis), *Histoire des Dauphinois*, Paris, 1978.

CONGRES NATIONAL DES SOCIETES SAVANTES, section d'histoire moderne et contemporaine, Le Dauphiné, histoire régionale et questions diverses, Grenoble, 108 (1983), Paris, 1987.

CROZET (Félix), *Description topographique, historique et statistique des cantons formant le département de l'Isère*, Grenoble, 1870.

DALET (Gilbert), «Qui sont les Brûleurs de loups ? », *Les Affiches de Grenoble et du Dauphiné*, 3519,1992 :24.

, «Qui sont les Brûleurs de loups ? », M*airie Magazine*, 49,1996 :56.

DENARIE, «Le loup. Notes sur quelques animaux de Savoie disparus», *Bulletin de la Société d'histoire Naturelle de Savoie*, (1902).

DEPRES (J), «Au pays des Brûleurs de loups», *Bulletin d' histoire des Amis de la vallée de la Gresse et des environs*, 32 ,1993 : 26.

DEVAUX (Mgr, A), *Les patois du Dauphiné*, Lyon, 1935.

DOCUMENTS INEDITS RELATIFS AU DAUPHINE, par l'Académie Delphinale, Grenoble, 1888.

DONNET (Gaston), *Le Dauphiné*, Paris, 1898.

DREYFUS (Paul), *Histoire du Dauphiné*, Paris, 1973.

EYMARD (JF), *Brûleurs de loups avec dotes dauphinoises rimées*, Paris, 1912.

FAUJAS DE SAINT-FOND (Barthélemy), *Histoire naturelle de la Grande-Chartreuse*, Grenoble, sd.

FERNAND (Auguste), «Traditions et superstitions du Dauphiné», *Revue des Traditions populaires*, 5, 1890 : 412-417, 6, 1891 : 149,307-309, 698.

FRANCOIS (Bernard), *Mémoire de Bourg-d'Oisans*, Grenoble, 1997 (vol.1), 2001 (vol.2).

FRECHET (Jean), *Vie, traditions, coutumes des Terres Froides et du Dauphiné*, Lyon, 1984, rééd 2000.

GARAMBOIS (Ernest), *Les braconniers de la Haute-Montagne*, Paris, 1966.

GIRARD, «Préjugés et superstitions dans la campagne de l'Isère à la fin du XIXe siècle», *Bulletin de la Société Dauphinoise d'Ethnologie et d'Anthropologie*, Grenoble, 3,1896:270-292.

, «Les bêtes féroces dans la région de Monestier-de-Clermont au XIIIe siècle. Petits contes des anciens, une histoire de loups», *Bulletin de la société d'ethnologie et d'ethnographie du Dauphiné*, 1895.

GODEL, *Le Camus, Cardinal des Montagnes*, Actes du colloque Le Camus, Grenoble, 1974.

GUERIN (Amédée), *Voyages à travers les Dauphinois, Notes sur le caractère des gens des provinces*, Paris, 1889.

HAMON (Paul), *Nouvelle biographie du Dauphiné*, Grenoble, 1980.

HISTOIRE DU DAUPHINE, sous la direction de Jean Boudon et Henri Rougier, Lyon, 1992.

JAILLET (Charles), «Pour susciter une étude sur le loup en Dauphiné», *Bulletin de la Société Dauphinoise d'Ethnologie et d'Archéologie,* 1944.

JOISTEN (Charles), *Contes populaires du Dauphiné*, 3 vols. , Grenoble, 1971-1992-1997.

, *Récits et contes populaires du Dauphiné, le Queyras*, Paris, 1978, tome1, *Histoires de loups.*

«Le loup dans les Basses-Alpes», *Journal des chasseurs*, mai 1856.

JOUTARD (Philippe), *L'invention du Mont-Blanc*, Paris, 1986.

LADOUCETTE, *Moeurs et coutumes des Hautes-Alpes*, Grenoble, 1905.

LAVAUDEN (Louis), *La faune cynégétique des Alpes Françaises*, Paris, Conférence donnée au col du Lautaret le 20 juin 1932.

LE BRULEUR DE LOUPS, Journal dauphinois, républicain, socialiste illustré, Grenoble, 1893.

LE BRULEUR DE LOUPS, Echos de la vie Lyonnaise, Résumé mensuel de la vie Dauphinoise, Lyon, Novembre 1921,1.

LE BRULEUR DE LOUPS, Revue d'Histoire, géographique et folklorique du Haut- Dauphiné, Grenoble, Mars 1946,1 jusqu'à Mai-

Juin 1947, surtout les numéros 6 et 7 concernant l'origine de l'expression les Brûleurs de loups.

LE BRULEUR DE LOUPS, Bulletin de la Fédération de la Libre Pensée, Saint-Martin d'Hères, 1979-1981.

LE CAMUS (Etienne), *Lettres du cardinal Le Camus, évêque et prince de Grenoble (1632-1707)*, Paris, 1892, édition P.Ingold.

, *Lettres inédites du cardinal Le Camus*, Paris, 1932.

LE COURRIER DE L'ISERE, (septembre 1842), (23 mai 1846), (27 octobre 1860).

LE MONDE ALPIN ET RHODANIEN, Conjurer le malheur, (1986).

, Etres fantastiques dans les Alpes, (1992).

, Le loup de la peur à la passion, Le renversement d'une image, (2002).

LE MONITEUR UNIVERSEL, (Février 1851).

LE PETIT DAUPHINOIS, 1888.

«Les loups près de Grenoble en 1733», *Petite Revue Dauphinoise*, 1890-1891.

LE TONNELIER (Gaston), BERT (Paul), *Le Dauphiné, Recueil de textes historiques*, Grenoble, 1938, Le loup une calamité.

, *Histoire du Dauphiné*, Que sais-je?, Paris, 1933.

LUBAT (Pierre), *Le droit de chasse en Dauphiné sous l'Ancien Régime*, Ardèche, 1944.

MALET (Pierre), «Contribution à l'histoire du loup en Dauphiné», *Evocations*, 18,1975-1976.

, «Le loup dans la région de Romans de la Révolution à nos jours», *Evocations*, 1,1978.

, Beaurepaire et sa région. Promenades et récits historiques, Vienne, 1980 :60-80,67.

MARQUIS DE MARCIEU (Guy Joseph-Hély Emé), «Une battue de loups au pays des Brûleurs de loups en 1754», *Bulletin de l'Académie Delphinale*, 15,1924.

MOLMERRET, «Contribution à l'étude de l'origine de l'expression « les Brûleurs de loups», *Bulletin de la Société d'Ethnologie et d'Ethnographie du Dauphiné,* 30,1941 :56-57.

, «A propos des Brûleurs de loups», *Dépêche Dauphinoise*, 19/11/1935.

MULLER (Claude), *Coutumes et traditions du Dauphiné*, Grenoble, 1977, 2 vols.

, *Heurs et malheurs en Dauphiné*, Paris, 2000.

MUSEUM D'HISTOIRE NATURELLE DE GRENOBLE, «Mammifères du Vercors», *Courrier du Parc du Vercors*, 1981.

, *L'homme et le loup*, Catalogue d'exposition, Grenoble, 1997.

OLLIVET (JB), *Pages d'histoire en Dauphiné, Crémieu, Dauphiné et Royaume sous Louis XV*, Lyon, 1994.

OLLIVIER (Jules), *Essai sur l'origine et la formation des dialectes vulgaires du Dauphiné*, Valence, 1836.

ONOFRIO, *Essai d'un glossaire du patois lyonnais*, Lyon, 1864.

PERRY (Marc), «Corbelin, le Corbeau, le bélier et la volonté des Brûleurs de loups», *Mairie Magazine*, 31, 1992 :16.

PILOT DE THOREY (Jean Joseph Antoine), *Recherches sur les Antiquités Dauphinoises*, Grenoble, 1833.

, *Notes pour servir à l'Histoire de Grenoble*, Grenoble, 1880.

, *Usages, fêtes et coutumes existant ou ayant existé en Dauphiné*, Grenoble, 1882, 2 vols, rééd. Marseille, 1977.

, *Les animaux féroces du Dauphiné*, Grenoble, 1899.

, *Proverbes Dauphinois, Adages et locutions proverbiales usités dès les plus anciens et consignés dans les vieux manuscrits antérieurs au XVe siècle, avec explications.*

, CHEVALIER (Ulysse), *Dictionnaire topographique du Département de l'Isère comprenant les noms de lieux anciens et modernes*, Grenoble, 1920.

PRUDHOMME (Auguste), *Histoire de Grenoble*, Grenoble, 1888.

RADAR (260), Paris, 31 janvier 1954.

RAVERAT (Achille), *A travers le Dauphiné, Voyage pittoresque et artistique*, Paris, 1861, rééd. Marseille 1979, 1998.

REROLLE (Louis), *Recherches sur l'histoire des mammifères et des oiseaux des Alpes françaises*, Grenoble, 1898.

RIONDET (L), *Au temps des Carriolous, Vieilles histoires du Pays Monétéron*, édité à compte d'auteur, 1991.

, «Les loups», *Bulletin d'Histoire des Amis de la vallée de la Gresse et des environs*, 32, 1993 :61.

ROSTOLLAND (Henri), *Névache et la vallée de la Haute Clarée*, Gap, 1930.

SAINT-LOUP, *Itinéraires Dauphinois*, Vif, 1944, rééd. 1990.

Dr. SAUNIER (Joseph), «Quelques notes sur l'histoire des loups en Bas-Dauphiné», *Evocations*, 87-88,1954.

SCLAFERT, *Le Haut-Dauphiné au Moyen-Age*, Paris, 1926.

SENTIS (Gabrielle), *La légende dorée du Dauphiné*, Le Seyssinet, 1984.

STATISTIQUE GENERALE DU DEPARTEMENT DE LA DROME, par M. Nicolas Delacroix, Paris, 1835.

STATISTIQUE GENERALE DU DEPARTEMENT DE L'ISERE de l'administration de Mr. PELLENC, Préfet de l'Isère par MM. GUEYMARD, CHARVET, PILOT, ALBIN GRAS 4vols, Grenoble, 1844-1852.

TALON (Charles), «Notes de folklore extraites de documents des XVIe, XVIIe, XVIIIe siècles (Rhône, Ain, Isère)», *Evocations*, 3 , janvier-avril 1975, 104.

, *Histoire de la vie rurale en Bas-Dauphiné*, Lyon, 1981.

TASSET (Eric), *Contes inédits du Dauphiné*, Grenoble, 1998.

, *Les plus belles légendes de l'histoire du Dauphiné*, Grenoble, 2000.

TAULIER (Jules), *Abrégé de l'Histoire du Dauphiné*, Grenoble, 1844.

, *Histoire du Dauphiné depuis les temps les plus reculés jusqu'à nos jours*, Grenoble, 1855.

TERRAS (Henry), *La Baronie de Gresse en vallée Chevalereuse*, Marseille, 1971.

TERRE SAUVAGE, 148, 2000.

TIERSOT (J), *Chansons populaires recueillies dans les Alpes françaises : Savoie et Dauphiné*, Grenoble, 1903.

TISSOT (Lucien), *Belles histoires du Grésivaudan*, Saint-Genix sur Guiers, 1979.

TSCHUDI (Frédéric de), *Les Alpes, description pittoresque de la nature et de la faune alpestre*, Strasbourg, 1858, trad.

, *Le monde des Alpes*, Paris, 1870, trad.

VAILLANT (Pierre), *Guide bibliographique de l'histoire du Dauphiné*, Grenoble, 1980.

VAN GENNEP (Arnold), *Folklore du Dauphiné, Isère, étude descriptive et comparée de psychologie populaire*, Paris, 1932-1933, 3 vols.

, *Le Dauphiné traditionnel*, réédition du Folklore du Dauphiné, Voreppe, 1992.

, *Les Hautes-Alpes Traditionnelles*, Paris, 1943, 3 vols.

, *Le Folklore de Savoie*, 1946, 2 vols.

, *Le Folklore Français*, Paris, 1937-1938, 4 vols.

VEYRAT (Jean-Pierre), *Sur les chemins de Savoie et du Dauphiné, Contes historiques et folkloriques*, Grenoble, 1986.

VIDAL (Isabelle), *Le loup en Dauphiné du XVIIe au XVIIIe siècle*, Mémoire de Maîtrise à l'Université Pierre-Mendès-France de Grenoble, 1996.

, «Le loup en Dauphiné», *Evocations*, 1999-2000.

TABLE DES MATIERES

A mon patron, Mr. Boehler Jean-Michel pour sa confiance et sa gentillesse et Mme Corvol Andrée pour son soutien.
A Denis pour son aide technique si précieuse.
A Christelle pour ses nombreux conseils et sa relecture attentive du manuscrit.
A ma passion depuis l'enfance : les loups.

L'HARMATTAN, ITALIA
Via Degli Artisti 15 ; 10124 Torino

L'HARMATTAN HONGRIE
Könyvesbolt ; Kossuth L. u. 14-16
1053 Budapest

L'HARMATTAN BURKINA FASO
Rue 15.167 Route du Pô Patte d'oie
12 BP 226
Ouagadougou 12
(00226) 76 59 79 86

ESPACE L'HARMATTAN KINSHASA
Faculté des Sciences Sociales,
Politiques et Administratives
BP243, KIN XI ; Université de Kinshasa

L'HARMATTAN GUINÉE
Almamya Rue KA 028
En face du restaurant le cèdre
OKB agency BP 3470 Conakry
(00224) 60 20 85 08
harmattanguinee@yahoo.fr

L'HARMATTAN CÔTE D'IVOIRE
M. Etien N'dah Ahmon
Résidence Karl / cité des arts
Abidjan-Cocody 03 BP 1588 Abidjan 03
(00225) 05 77 87 31

L'HARMATTAN MAURITANIE
Espace El Kettab du livre francophone
N° 472 avenue Palais des Congrès
BP 316 Nouakchott
(00222) 63 25 980

L'HARMATTAN CAMEROUN
BP 11486
(00237) 458 67 00
(00237) 976 61 66
harmattancam@yahoo.fr

627029 - Novembre 2015
Achevé d'imprimer par

1livre.com
du rêve à la réalité !

www.ingramcontent.com/pod-product-compliance
Lightning Source LLC
LaVergne TN
LVHW010933061026
849535LV00007B/2375